Web 标准网页制作实例教程

王 宾 主编

 时代出版传媒股份有限公司
安徽科学技术出版社

图书在版编目(ＣＩＰ)数据

Web 标准网页制作实例教程/王宾主编. —合肥:安徽科学技术出版社,2014.9
ISBN 978-7-5337-6359-6

Ⅰ.①W… Ⅱ.①王… Ⅲ.①网页制作工具-程序设计-教材 Ⅳ.①TP393.092

中国版本图书馆 CIP 数据核字(2014)第 119437 号

内容提要

本书主要以案例教学为中心,用通俗易懂的语言,从易到难、循序渐进地讲述网页制作的全过程。

全书由十四章组成,以网页制作的基本知识为脉络,以案例剖析为肌理,图文结合,精彩纷呈,避免了同类书中大量枯燥无味的理论。

本书结构清晰、循序渐进、环环相扣。每个章节的案例都不孤立,前面的小案例都可以作为后面较大案例的组成部分。读者在案例中学习网站前端制作所需的知识点,从简单的小模块到复杂的大门户,再到响应式页面设计,循序渐进。

同时,本书还涉及一些 jQuery 特效的应用以及 SEO 优化方面的知识。

本书既适合网页制作的初学者,也可以作为平面设计人员、网站美工以及 Web 开发程序员的读物;既可作为网站制作初学者的入门教材,也适用于高校及大中专院校计算机及艺术类等相关专业。

Web 标准网页制作实例教程   王 宾 主编

出 版 人:黄和平   责任编辑:何宗华
责任印制:李伦洲   封面设计:侯学峰
出版发行:时代出版传媒股份有限公司   http://www.press-mart.com
         安徽科学技术出版社   http://www.ahstp.net
(合肥市政务文化新区翡翠路 1118 号出版传媒广场,邮编:230071)
         电话:(0551)63533323
印   制:合肥华云印务有限责任公司   电话:(0551)63418899
(如发现印装质量问题,影响阅读,请与印刷厂商联系调换)

开本:787×1092   1/16   印张:17.75   字数:430 千
版次:2014 年 9 月第 1 版   2014 年 9 月第 1 次印刷

ISBN 978-7-5337-6359-6   定价:58.00 元

序

　　打开这本书，你会顿时体验到开卷有益的感觉扑面而来，你会欣喜地看到与众不同的亮点在闪烁，源于实战的大量丰富经验，在这里得到了充分的归纳整理，总结升华之后，理论和实践自然有机地融会贯通。认真读下去，收获一定很大，至少，不会再有书本上寻得了一知半解、临到动手又一筹莫展的尴尬。

　　王宾和他的同事都非常优秀勤奋，他们长期供职的芜湖新闻网，Alexa 排名始终在同类网站遥遥领先，每年也接受大量来自全国各地高校的实习生。在接触的过程中，感到这些在校学习了几年专业知识的学生，无法独自承担最简单的任务，手把手从头教起，竟是必须的入门第一课。于是，他们针对这种学用严重脱节的情况，创造性地编写了学习手册，指导实习工作，效果颇好、评价甚高。长此以往，这本手册也日益丰满、成熟，终成今日的《Web 标准网页制作实例教程》，其中体会深刻，案例鲜活，不仅令人上手迅速，而且能够触类旁通、举一反三。在芜湖新闻网实习过的学生们，以此为指南，经过短短的两三个月的培训，很快就踏上四面八方的工作岗位，并迅速成为业务中坚，富有闯劲的年轻人更是创建公司、自立门户。

　　本书的最大价值在于学以致用，让基础知识立刻转化为应用的利器，架设起从课堂直达社会的桥梁，值得向广大读者、尤其是各类高校学生推介。从辅导教学到写作编辑，作者们以及芜湖新闻网这个强大的团队，倾注了大量的心血，谨此，向他们奉献出的精彩致敬。

柯　南

（柯南　芜湖日报报业集团副总编辑）

前　　言

近年来,随着网络信息技术的广泛应用,以及智能移动终端(如平板电脑、智能手机等)的广泛普及,互联网正逐步改变着人们的工作方式、生活方式甚至是生活习惯。网页技术已经成为当代青年学生必备的知识技能。

随着 IT 技术的飞速发展,市场对网页设计师的需求日益增加。各大网站、广告公司、设计公司都在大量招聘网页前端设计人员,对前端设计师的技能要求也大大提高。早些年,设计师只需要在所见即所得工具软件(例如 Dreamweaver)的设计视图中点几下鼠标、勾勾画画便可创建网站的方法已经完全不适用。如今的网页设计师需要学习整个 Web 标准体系才能制作出符合规范的 Web 页。越来越多的用人单位青睐于综合技能比较高的前端开发工程师。

今天的前端设计师有别于原先的网页设计师,已经出现了许多新兴的前端设计职位,如交互设计师、用户体验设计师、前端架构师等。前端开发人员已经不局限于界面的美观,他们更关注的是用户体验。现在,出色的前端设计师已经是“千军易得,一将难求”。

本书的特点

本书从初学者的角度出发,在案例中逐步带领大家学习如何制作出符合 Web 标准的页面。

案例,是本书贯穿始终的特点,所有的知识点都在一个个真实的案例中得到体现,通过一个个鲜活而典型的案例来达到学以致用的目的。理解了每一个案例,也就掌握了相关知识点。同时这些案例也是后面章节所述实例的组成部分,案例之间环环相扣。只要读者一点点跟着做,循序渐进地练习,相信大家都能成为行家里手。大量来自企业真实项目作为案例,帮助读者掌握第一手工作经验。

如今,智能手机可以说是人手一部,用手机上网已经成为人们的习惯,为了适应时代的需求,本书还专门设立了“响应式设计”一章,通过一个响应式页面制作的全过程,带领大家制作出能够响应 Pad 和智能手机的 Web 页。

虽然本书讲述的是 Web 标准方面的内容,但是由于 Web 标准包含的方面非常之多,我们选择的重点是 XHTML＋CSS,其他的方面只教授到在项目里能够运行起来的地步,比如 jQuery 特效等内容。

本书的读者对象

本书适用于想要从事 Web 相关工作的初学者,同时可作为高等院校各专业“网页设计与制作”课程的教材,也可作为网页设计、网站制作的培训类教材,还可供网页设计和开发人员参考使用。

有经验的 Web 前端设计人员,也能从阅读本书的过程中受益良多。因为本书介绍了一些最新的技术,例如响应式设计,使 Web 页能够响应移动设备,如 iPad、智能手机。

本书约定

本书提供了大量的 XHTML 和 CSS 代码,用以帮助读者学习制作符合 Web 标准的 Web 页面。由于篇幅有限,我们不可能将页面的全部代码放置其中。因此,这些代码我们只保留了 XHTML 和 CSS 两个部分,但是在真实的文档中,这些代码需要放到各自的位置上才能正常工作。例如以下代码:

```
<! DOCTYPE html PUBLIC "-//W3C//DTD XHTML 1.0 Transitional//EN" "http://www.
w3.org/TR/xhtml1/DTD/xhtml1-transitional.dtd">
<html xmlns="http://www.w3.org/1999/xhtml">
<head>
<meta http-equiv="Content-Type" content="text/html; charset=utf-8" />
<title>无标题文档</title>
<style type="text/css">
p{ font-size:12px;}
</style>
</head>
<body>
<p>这里的文字是一个段落</p>
</body>
</html>
```

本书编写时,只保留了 CSS 样式代码以及 XHTML 结构代码(以上加粗所示部分代码),敬请读者注意。

本书各章节内容概述

第 1 章　基本概念及前期准备　介绍了学习网页之前必须了解的一些基本概念以及必备的一些软件的安装。如 Dreamweaver 简介、调试工具 Firebug 的安装、多浏览器测试工具 SuperPreview 简介、目录与路径以及浏览器的选择。

第 2 章　HTML 基础　从什么是 HTML 开始讲起,介绍了 HTML 的基本结构、一些最常用的 HTML 标签等。

第 3 章　CSS 基础　什么是 CSS、如何利用 CSS 控制页面元素、常用 CSS 及属性,最后通过一个完整的案例《一篇文章》,来整合本章的全部内容。

第 4 章　CSS 选择符　标签选择符、包含选择符、选择符的群组、id 选择符、class 选择符、class 高级使用技巧、通配符 * 的用法等。

第 5 章　CSS 布局　本章对浮动布局进行了深入而全面的阐述,为后面的综合案例打下布局的基础。

第 6 章　列表综合应用　本章介绍了如何通过无序列表一步步实现各种列表的制作,如新闻列表、导航列表、图片列表等。

第 7 章　Position 定位　本章详细介绍了绝对定位 absolute 和相对定位 relative 以及深度 z-index 的用法,通过一个电影列表小练习来加深理解 position 定位。

第 8 章　表单　介绍了各种表单的类型与用法,通过几个案例来学习各种表单类型的应用。如《搜索框》《简易登录》《评论区块》《调查问卷》《用户注册》等。

第 9 章　多媒体　介绍了 flash 动画、视频、音频、flv 等格式的插入方法以及网络流媒体的使用方法。

第 10 章　表格　介绍了表格的正确使用方法,基本格式、样式写法、拆分与合并单元格、表格的结构化直列化等。

第 11 章　jQuery 特效　本章详细介绍了几个常用 jQuery 特效的使用方法,如层的显示与隐藏、tab 选项卡、焦点图、图片无缝滚动。

第 12 章　综合实战练习　本章是本书的综合实战部分,是对前面所学各章节知识点的全部整合。通过一个界面设计制作和五个大中型项目案例制作的讲解,全面强化前面所学各章的知识点,让读者掌握第一手实战经验。

第 13 章　响应式设计　本章通过一个案例来讲解如今风靡全球的响应式设计。深入讲解如何制作响应移动设备 Pad 和智能手机的 Web 页。可以说,本章是对读者整体水平的一个再次拔高,使读者能够紧跟时代的步伐。

第 14 章　SEO 优化　本章主要介绍了在页面制作的过程中,针对搜索引擎优化需要考虑到的注意事项及优化方法。

源代码和素材的获取

为响应低碳生活的号召,本书并没有配光盘,而是采用了网上下载资料的方式。你可以直接下载网上的源代码进行练习,也可以手工键入所有代码,个人建议是后者。

本书的源代码下载地址是:http://edu.wuhunews.cn/web.rar。

本书主要由芜湖新闻网的王宾编写,参与编写工作的还有刘瑜、叶凤云、汪千松、罗海峰、高原、王宇、吴珺、吴定炳、陈培宁、孙林等。由于水平所限,书中难免会存在疏漏与错误,欢迎广大读者不吝赐教。如果您发现了书中的错误,无论是技术错误、代码错误还是语言表述问题,请批评指正! E—mail:226363677@qq.com。

目　录

第1章　基本概念及前期准备

1.1　标准化的由来

从工业大生产中,人们得到的重要经验就是标准化。如果没有标准化,就不会有今天这样繁荣的经济,社会也不会发展的如此迅速。

标准化是工业化大生产时代的重要标志,各行各业都有自己的标准。想像一下,如果生产自行车的厂家不按照行业标准来生产,带来的后果是自行车使用者必须从厂家购买专有的配件来维修自行车,那将会带来巨大的资源浪费。

了解一下汽车行业的生产过程我们不难发现,汽车生产厂家并不生产汽车的所有零件,一些零件是由外厂提供的。其他厂家生产的汽车零件能够很好地和汽车各种零件组合,从而最终生产出整车。零件供应商不可能只为一个厂家供货,同时也为其他厂家供货。那么是什么使零件生产商能够很好生产出符合各汽车制造厂家所需要的零件呢?答案是汽车制造的标准,这里的标准就是各种参数,包括名词术语、连接尺寸、安全及资源保护等的一系列标准。

同样,在 Web 的世界,也经历着像工业化大生产这样的过程。Web 也有自己的标准,由 W3C 制定并维护。

1.2　W3C

W3C 是 World Wide Web Consortium 的简称,创建于 1994 年,即万维网联盟,又称 W3C 理事会,官方网站是 http://www.w3.org。它的成立是为了解决 Web 应用中不同平台、技术和开发者带来的不兼容性,保障信息的完整流通,研究 Web 规范和指导方针,致力于推动 Web 发展,保证各种 Web 技术能很好地协同工作,同时制定一系列标准来督促 Web 应用开发者及内容提供者遵守这一标准。

1.3　Web 标准及构成

Web 标准不是某一个标准,而是一系列标准的集合。它是由 W3C 和其他组织共同制定的,用来创建和解释网页的内容。其主要由三部分组成:结构(Structure)、表现(Presentation)和行为(Behavior)。

1.3.1　结构(Structure)

结构用来对网页中用到的信息进行分类与整理。Web 标准中用于结构设计的主要有:HTML、XHTML 以及 XML。

可扩展标记语言 XML 和 HTML 一样,来源于 SGML(Standard Generalized Markup Language,标准通用标记语言),它是一种能定义其他语言的语言。XML 设计最初的目的是弥补 HTML 的不足,以强大的扩展性满足网络信息发展的需要,后来逐渐用于网络数据的转换及描述。

虽然 XML 数据转换能力强大,完全可以替代 HTML,但是面对成千上万的已有的站点,直接采用 XML 还为时尚早。因此,开发人员在 HTML4.0 的基础上,用 XML 的规则对其进行扩展,得到了可扩展标记语言 XHTML。XHTML 是 HTML 向 XML 过渡的一个桥梁。

结构通常指网页包括的文字、动画、多媒体、图片、表单等各种元素,这些元素的基础架构都是 XHTML 标签元素。

1.3.2　表现(Presentation)

表现技术就是对已经结构化了的信息进行显示上的控制,例如颜色、大小、位置等。目前,用于表现的 Web 标准技术主要就是指 CSS 技术。

CSS 技术是网页页面排版样式标准。它是一组格式设置规则,用于控制 Web 页面的外观。它能使浏览器听从指令,知道该以何种布局、格式显示各种元素及其内容。

1.3.3　行为(Behavior)

行为是指对整个文档内部的一个模型进行定义以及交互行为的编写,用于编写用户可以进行交互式操作的文档。

Web 页面中使用的行为标准通常指 JavaScript。它是基于 Web 浏览器可以在客户端执行的脚本程序,结合 XHTML、CSS 可以实现丰富的应用效果,是改善用户体验的调剂师。

1.4　Web 标准的好处

采用 Web 标准的好处如下:

第一　对浏览者的好处

- 页面文件下载速度更快,浏览器显示页面速度也快。
- 有清晰的语义结构,所有内容能被更多的用户所访问。
- 由于实现了结构与表现的分离,使得内容能被更多的设备所访问。
- 有独立的样式表,用户自己可以很方便地选择自己的页面外观。
- 可以调用独立的打印样式文件,方便页面的打印。

第二　对网站拥有者的好处

- 由于代码更简洁组件用得更少,所以使得维护变得更容易。
- 对宽带成本减低,节约了成本。
- 页面有结构清晰的语义性,更加容易被搜索引擎搜到网站的信息。
- 可以调用不同的样式文件,使得提供打印版本变得更加容易。
- 有清晰合理的结构,提高了网站的易用性。

1.5　前端开发工具

"工欲善其事,必先利其器",好的开发工具毋容置疑会帮助 Web 前端开发者事半功倍。如今的 Web 应用工具越来越多,这些工具能辅助我们在开发效率等方面得到提高。

1.5.1　Photoshop

客户最关心的也许就是排版好不好看、图片美不美观、视觉炫不炫,因此我们要尽可能地把设计稿做到最漂亮。这一切的基础就是要有非常娴熟的 Photoshop 功底。完成设计稿,这是一切开始的前提。

Photoshop 在平面设计领域的应用非常广泛,几乎可以胜任各行各业的设计工作。在 Web 领域中,Photoshop 能够完成网站中各种类型的 Web 界面设计,包括用于网络发布的各项图片优化工作。

1.5.2　Dreamweaver

Dreamweaver 是快速的 HTML/CSS 脚本编辑软件。该软件有非常好的代码提示、语法着色、自动补全以及内置浏览器等一系列优点。本教材基于目前比较流行的 Dreamweaver_CS5 进行讲解。具体的安装方法,在此不再赘述。软件安装完成并启动后如图1-1所示:

图 1-1

Dreamweaver CS5 软件中,无论是 CSS 还是 HTML 都有很好的语法提示。在编写代码时,按空格键或者回车键都可以触发代码提示功能,从而方便设计者快速选择,提高工作效率。

该软件还提供了强大的查找与替换功能,快捷键是 Ctrl＋F,如图 1－2 所示。

在查找输入框中输入要查找的内容,可以快速定位到你要找的地方。在替换输入框中输入要替换的内容,然后点击"替换",就可以很方便地替换掉你所查找的内容。如果文档中有大量相同的内容需要替换,可以点击"替换全部"来批量替换。

新建一个 HTML 文件后我们会看到代码、拆分与设计三个视图,通常我们都是在代码视图下工作。如图 1－3 所示。

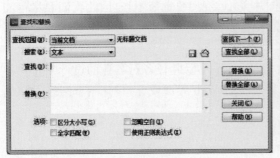

图 1－2

图 1－3

1.5.3　网页源文件的查看与调试工具 Firebug

在浏览网页时,可以通过浏览器的"查看源文件"功能来查看页面的源代码,从而了解该网站的布局结构及样式写法。这对我们学习借鉴其他网站的制作思路方法是非常有帮助的。例如,我们想查看新浪网首页的源文件,选择菜单栏下"查看"下的源文件选项,如图 1－4 所示。

然后会弹出记事本文件,显示新浪网的源代码,如图 1－5 所示。

图 1－4

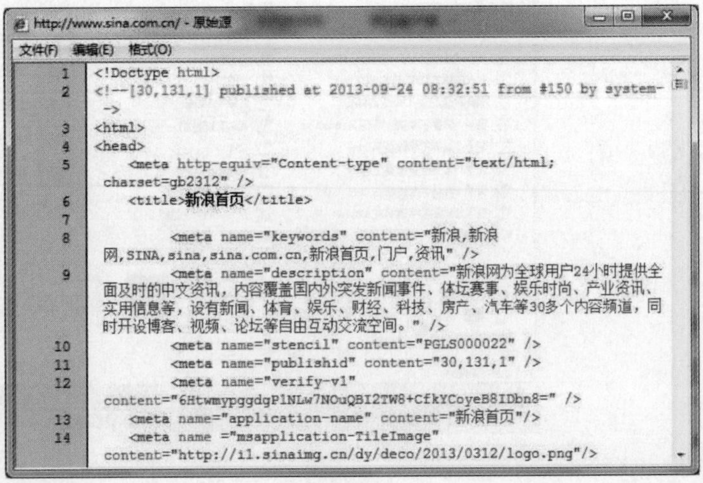

图 1－5

在实际工作中,我们用的最多的通常是火狐浏览器里的 firebug 或者谷歌浏览器里的开发人员工具,来查看和分析其他网站的布局及样式写法,他们的快捷键都是 F12。

　　Firebug 在火狐浏览器中属于五星级的插件工具,它可以查看 HTML 的结构及样式、实时编辑,是开发 HTML、CSS、JavaScript 的得力助手。

　　这里我们举例说明火狐浏览器 firebug 的安装方法:

　　下载火狐浏览器并安装后,打开菜单栏工具下的附加组件选项,如图 1-6 所示。

　　在附加组件管理器里输入"firebug"并搜索,便可看到非常可爱的橘黄色的小瓢虫。点击"安装"按钮,直接安装即可。如图 1-7 所示。

图 1-6

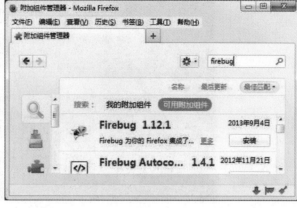

图 1-7

　　安装完成之后,按快捷键 F12,打开 Firebug 控制台。通过 Firebug 控制台我们可以全面了解页面,可以对任何网页中的 HTML、CSS、JavaScript 进行实时编辑、调试和监控。图 1-8 是我们浏览百度首页并通过 Firebug 查看源代码的界面。

　　我们可以看到左边是文件结构,右边是 CSS 样式。按下控制台上的蓝色小箭头的图标后,鼠标在页面上划动会发现控制台不停地变换到鼠标经过的相应结构与样式上。如图 1-8 所示,鼠标停在了搜索标签的外围,控制台自动定位到了本区块的结构部分。我们很快就看出来,这里的一行文字放在了一个 id 名为"nv"的 p 段落里。nv 的样式显示在了右侧,代码结构、样式写法一目了然。

图 1-8

　　我们可以在右侧的样式里直接更改添加样式,在这里修改的样式不会破坏我们写的源代码,只是临时让开发人员看到修改后的效果。当我们在火狐里调试好之后,便可以直接打开我们页面的源代码来修改,也可以点击每条样式前面的禁用小图标,来禁用某条样式,可以随时看到页面的变化效果,这样给我们查错与调试带来极大的方便。

1.5.4 SuperPreview

SuperPreview 是一款 IE 浏览器多版本测试工具,能方便地在 IE6,IE7,IE8 切换,满足大部分 IE 浏览器兼容性的测试,是测试网页在不同浏览器中所出现 BUG 的工具。

我们可以在网上下载最新版本的 SuperPreview 来安装,安装完成之后界面如图 1−9 所示。

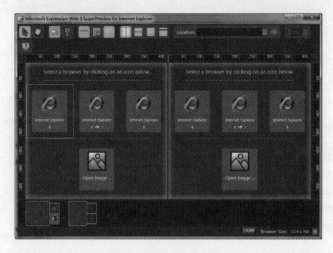

图 1−9

我们在左侧新建 IE6,右侧新建 IE7,然后在地址栏中输入我们要测试的网站的网址。本例中我们输入百度的地址看看效果,如下图 1−10。

图 1−10

有了这款工具,可以及时发现 IE 各版本兼容性问题,提高开发效率。

1.6 理解目录与路径

当我们创建好一个页面时,需要将页面保存到电脑的某个位置,通常是创建一个文件夹并保存到此文件夹内。我们创建的这个文件夹,就是我们保存网站的根目录,也就是我们网站项目的站点。

通常，一个站点根目录内会包含多个子目录，每个子目录包含站点中的不同部分。例如，一个具有多种类型文件的门户网站我们可以将每种文件类型单独创建一个独立的子目录进行保存。

例如，我们在 D 盘根目录创建了一个名为"百智时尚"的文件夹，这个文件夹就是我们的站点根目录。我们将 content.html、index.html 和 list.html 三个页面文件放到了根目录下，同时我们又在根目录下创建了 css、images、js 和 swf 几个子文件夹。在实际工作中我们将用到的 CSS 文件全部放到 css 文件夹内，用到的图片文件全部放到 images 文件夹内，将用到的 js 文件全部放到 js 文件夹内，将 flash 文件全部放到 swf 文件夹内。如图 1-11 所示。

这样做的目的是可以方便我们整个站点的文件管理，同时也可以方便地找到我们需要的文件。可以设想一下，如果将 Web 站点中的所有文件都放到根目录的话，整个目录会变得杂乱无章，对于相应文件的操作也会变得非常复杂。

图 1-11

绝对与相对路径

1. 绝对路径

在我们平时使用计算机时要找到需要的文件就必须知道该文件的位置，而表示文件位置的方式就是路径。例如只要看到这个路径：D:/百智时尚/images/01.jpg 我们就知道 01.jpg 文件是在 D 盘的百智时尚目录下的 images 子目录中。像这样完整地描述文件位置的路径就是绝对路径。根据绝对路径便可判断出文件的位置。

在网站中类似以 http://img1.gtimg.com/visual_page/40/22/31125.jpg 来确定文件位置的方式也是绝对路径。从这个绝对路径地址中我们可知，31125.jpg 这张图片是放在了主机根目录下的 visual_page 文件夹下的 40 文件夹下的 22 文件夹内。

2. 相对路径

网站制作初学者经常发生图片不能正常显示的情况。例如，现在有一个页面 index.html，在这个页面中链接有一张图片 photo.jpg。他们的绝对路径如下：

D:/百智时尚/index.html

D:/百智时尚/images/01.jpg

如果你使用绝对路径 D:/百智时尚/images/01.jpg，那么在自己的计算机上将一切正常，因为确实可以在指定的位置，即 D:/百智时尚/images/01.jpg 上找到 01.jpg 这张图片，但是当你将页面上传到服务器的时候就很可能会出错了，因为你的网站可能在服务器的 C 盘，可能在 D 盘，也可能在 E 盘的某个目录下，总之没有理由会有 D:/百智时尚/images/01.jpg 这样一个路径。

那么，在 index.html 文件中要使用什么样的路径来定位 01.jpg 文件呢？对，应该是用相对路径，所谓相对路径，就是指这个文件所在的位置与其他文件或者文件夹的关系，也就是相对位置。在上例中 index. html 中链接的 01. jpg 可以使用 images/01. jpg 来定位文件，那么不论将这些文件放到哪里，只要他们的相对关系没有变，就不会出错。

另外我们使用".. /"来表示上一级目录，".. /.. /"表示上上级的目录，以此类推。

再看几个例子，注意所有例子中都是 index. html 文件中链接有一张图片 01. jpg。

例：

D：/百智时尚/web/index. html

D：/百智时尚/images/01. jpg

在此例中 index. html 中链接的 01. jpg，很显然 index. html 需要跳出它自身的父目录 Web 文件夹向上一级才能找到 images 这个目录，因此应该写成.. /images/01. jpg。

例：

D：/百智时尚/web/fashion/index. html

D：/百智时尚/images/20140423/01. jpg

在此例中 index. html 中链接的 01. jpg 应该怎样表示呢？

我们分析一下，index. html 需要跳出他自身所在的 fashion 文件夹，然后再跳出 fashion 所在的 Web 文件夹才能找到 images 文件夹，也就是说需要向上跳两级，因此应该这样写.. /.. /images/20140423/01. jpg。

通过上面的讲解，我们对目录与路径有了一个清晰的认识，从而能够避免在实际工作中经常容易出现的文件引用错误。

1.7 浏览器的选择

用浏览器浏览网页是我们平时生活中最常见不过的事情，但是关于浏览器的选择每个用户确大不相同。

常见的网页浏览器包括微软的 IE 浏览器、Mozilla 的 Firefox 火狐浏览器、苹果公司的 Safari 浏览器、Google 的 Chrome 浏览器、360 安全浏览器、搜狗高速浏览器、傲游浏览器、百度浏览器、腾讯 QQ 浏览器等。

要知道，我们制作的页面用如此众多的浏览器去浏览测试的话，不一定是全部兼容的。也就是说，不同浏览器之间显示会有一定的差异，我们所要做的就是将这种差异降到最小。尽量地去兼容所有的浏览器。

由于微软在浏览器领域一直未完全遵循 W3C 规范，导致 IE 浏览器中的各版本经常会出现不同的样式 BUG。在 IE 中 IE6 是浏览器兼容问题的重灾区，IE7 及以后的版本基本没有太大的问题。值得庆幸的是，2014 年 4 月 8 日微软已经停止了对 XP 系统的更新。相信在不久的将来，IE6 就会退出历史舞台。

在我们开始学习网页制作之前，可以在电脑上安装几款浏览器。这里我们推荐火狐的 Firefox 浏览器与谷歌的 Chrome 浏览器都是非常不错选择。

第 2 章　XHTML 基础

本章介绍 XHTML 方面的知识，让读者对 XHTML 有个初步的认识，从而打下网页前端制作的基础。

2.1　什么是 XHTML

XHTML 是 EXtensible HyperText Markup Language(可扩展标记语言)的缩写，它的前身 HTML4.0 是 Web 上使用最广泛的语言。它通常被看做是 XML 与 HTML 两个词汇的结合。

HTML 语法要求比较松散，这样对网页编写者来说比较方便，但对于机器来说，语言的语法越松散，处理起来就越困难。对于传统的计算机来说，还有能力兼容松散语法，但对于许多其他设备，比如手机，难度就比较大。因此产生了由 DTD 定义规则，语法要求更加严格的 XHTML。

XHTML 可以看做是 HTML 的新版本，它比 HTML 的语法要求更加严格。例如，在 XHTML 中元素和属性名称必须小写(早期的 HTML 版本不区分大小写)，每个具有内容的标签必须有对应的结束标签。

因此，每个 XHTML 页面应当以一个 DOCTYPE 声明开始，以告诉浏览器该页面中使用的 XHTML 版本。

目前 XHTML 使用的版本标准有着多种选择，包括 Transitional，Strict 和 Frameset 三种类型。

● Transitional (过渡型)：该版本仍然允许开发人员使用 HTML4 中不赞成使用的标记，以帮助用户逐渐适应 XHTML。本教材所有实例都是基于该类型，是我们推荐使用的类型。

● Strict(严格型)：该类型是一种严格型的应用方式，它不允许使用逐渐淘汰的标记，遵从新的更严格的语法。

● Frameset(框架型)：该类型用于创建使用框架技术的 Web 页面。

2.2　XHTML 文档的基本结构

当我们利用 Dreamweaver 创建一个页面时，会发现软件已经帮你写好部分代码，如下：

```
<!DOCTYPE html PUBLIC "-//W3C//DTD XHTML 1.0 Transitional//EN"
"http://www.w3.org/TR/xhtml1/DTD/xhtml1-transitional.dtd">
<html xmlns="http://www.w3.org/1999/xhtml">
<head>
<meta http-equiv="Content-Type" content="text/html; charset=utf-8" />
```

```
〈title〉无标题文档〈/title〉
〈/head〉
〈body〉
〈/body〉
〈/html〉
```

以上 Dreamweaver 为我们创建好的代码,我们可以把它理解成两大部分,第一部分是文档头声明:

```
〈!DOCTYPE html PUBLIC "−//W3C//DTD XHTML 1. 0 Transitional//EN"
"http://www. w3. org/TR/xhtml1/DTD/xhtml1−transitional. dtd"〉
```

我们可以将这部分看做是整个文档的序言。这部分的格式是:

〈!DOCTYPE 根元素名 PUBLIC "DTD 名称" "DTD_URL"〉

文档类型定义(Document Type Definition,DTD)是一套标记的语法规则,DTD 主要是对文档中出现的元素进行定义,被称为元素声明。

以上代码表示,XHTML 文档使用了一个公共的 DTD,这个 DTD 的名称为"−//W3C//DTD XHTML 1. 0 Transitional//EN",这个 DTD 的网址是"http://www. w3. org/TR/xhtml1/DTD/xhtml1 − transitional. dtd"。从其名称可知,这个 DTD 的所有者是 W3C,也就是说它是由 W3C 制定的,是 xhtml1−transitional. dtd。

第二部分就是文件本体部分,也就是包含文档的实际内容的部分:

```
〈html xmlns="http://www. w3. org/1999/xhtml"〉
〈head〉
〈meta http−equiv="Content−Type" content="text/html; charset=utf−8" /〉
〈title〉无标题文档〈/title〉
〈/head〉
〈body〉
〈/body〉
〈/html〉
```

从以上代码可以看出来,根元素 html 有两个分支:head 和 body。它们是根元素 html 的子元素。

● html 元素

html 是文档的根元素,确定文档的开始与结束。当我们编写 Web 页面时,整个页面都包含在起始标签〈html〉和结束标签〈/html〉之间,如以上代码所示。

xmlns 属性是代码名域空间,等号右边的"http://www. w3. org/1999/xhtml"是XHTML 名域。

● head 元素

head 部分通常称为页面的头,用来盛放有关文档本身的信息,或设置一些用于文档的特殊功能。head 部分的内容至少包含 title 元素,这是它的最小内容模型。

● body 元素

文档的内容主体部分,网页中所有的可见部分都写在这个部分。该元素包含的内容广泛,它是 XHTML 文档的主要组成部分。

2.3 标签、元素和属性

由于 XHTML 是 HTML 的升级版,在后面的学习中,我们也将其称为 HTML。

在正式学习 HTML 之前,我们还是要先了解几个基本概念,即:什么是标签? 什么是元素? 什么是标签的属性?

查看上面例子中的第一行和最后一行代码,可以看到包括 HTML 的成对的尖括号。两个成对的尖括号和里面的字符称为标签。同时上面的代码中还存在很多成对的标签,如 head、title、body 等。

在成对的标签中,前面的标签称为起始标签,后面的标签称为结束标签。两者的不同点是结束标签在第一个尖括号后面有一个正斜杠。

某对标签和其中包含的内容统称为元素。我们以页面中的常见标签超链接〈a〉为例来说明,如图 2-1 所示。

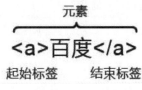

图 2-1

HTML 标签中绝大部分都是双标记成对出现,只有几个特例是单标记。单标记的表示方法是直接在标签后面添加"/ ",如上面的 meta 标签以及我们后面要学的〈img /〉、〈br /〉等。

还有一些标签通常是带有属性和属性值的。因此,有一点我们必须要明确:什么是标签的属性以及属性的值。上面示例虽然表明它是一个〈a〉元素,但是我们必须要给其指定属性以及属性值,才能实现真正意义上的链接。

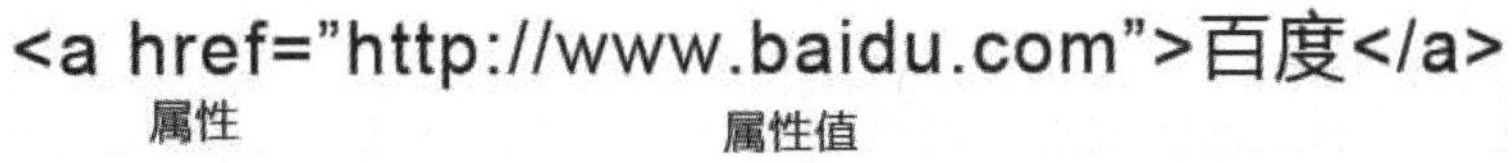

<a href="http://www.baidu.com">百度</a>

图 2-2

如图 2-2 所示就是一个简单的链接到百度的文字链接,其中的"a"表示链接标签。

href 表示链接的一种属性,代表链接到的地址,而引号里的内容就是属性的值。属性和属性值通常都是写在开始标签内,用等号连接。

2.4 XHTML 标签与功能简述

表 2-1

	结构标签		文本控制		表　格
html	html 根元素	p	段落	table	表格
head	html 头部元素	h1~h6	标题 1~6 级	tr	行
body	html 主体元素	strong	加重重点	td	单元格
div	区块定义标签	em	重点、强调	th	表头
span	行间区块定义标签	abbr	定义文本的简写词	tbody	表格主体

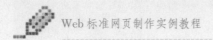

续表

结构标签		文本控制		表 格	
	Meta 信息	address	标签的联系信息	thead	表格头部
Doctype	文档类型指定	cite	行间引用内容	tfoot	表格底部
title	浏览器标题栏	ins	编辑注解:插入内容	col	表格列
link	链接到扩展资源	del	编辑注解:删除内容	colgroup	表格列的集合
meta	meta 信息	dfn	文本术语注释	caption	表格的标题
style	样式表区域	pre	文本预格式化	**表 单**	
脚 本		samp	举例	form	表单区域
script	脚本区域	var	文本是一个变量	input	输入框
noscript	无法执行脚本替代	br	回车	textarea	文本框
图像和对象		q	行间小型引用	select	下拉列表
img	插入图像	code	源代码区	option	下拉列表项
area	图像热区细节	blockquote	块状引用内容	optgroup	下拉列表项集合
map	图像热区	abbr	定义文本的简写词	button	按钮
object	插入对象	acronym	定义首字母简写词	label	标签
param	对象的参数	kbd	文本需要键盘输入	fieldset	标签页
列 表		**表 现**		legent	标签页的标题
ul	无序列表	b	加粗	**链 接**	
ol	有序列表	i	斜体	a	链接
li	列表项	tt	打字机字体	vbase	基础链接类
dl	自定义列表	sub	下标		
dt	自定义列表的标题	sup	上标		
dd	自定义列表的描述	hr	分割线		

表 2-1 几乎包含了 html 所有的标签。在后面的章节会学习一些常用标签的用法。

2.5 HTML 常用标签

HTML 标签虽然有很多,但并不是都经常用到。下面我们先学习一些常用的 HTML 标签。

2.5.1 标题 title

在前面的学习中,我们看到过在〈head〉元素内,有一组〈title〉标签,这里的〈title〉就是页面文档文件的标题。我们编写每个页面时,都应该设定具体的标题内容(默认是无标题文档）。它的作用非常重要，具体体现在以下几个方面。

- 通常位于浏览器的左上角。
- 作为浏览器中书签的默认名称。
- 搜索引擎通过抓取其内容帮助索引页面。

因此，使用描述站点内容的标题是至关重要的。千万不要将"欢迎访问我的小站"或者"主页"这类的废话用作标题，而应该采用能够准确描述站点内容的语句。

下面通过一个小例子看其表现效果。

```
〈head〉
    〈title〉芜湖新闻网｜中国芜湖｜安徽省芜湖市唯一重点新闻门户网站〈/title〉
〈/head〉
```

表现如图 2 - 3 所示。

图 2 - 3

2.5.2　标题 heading 系列〈h1〉～〈h6〉

人们在写文章时，通常是分若干个章节，根据实际情况再把章节分成多个层次，每个层次添加一个相应的题目，这就是 heading。在 HTML 中，heading 共有六个元素，从 h1 至 h6。

图 2 - 4

〈h1〉代表最顶级标题，也叫一级标题，二级标题用〈h2〉表示，以此类推。

在这六级标题中，h1 是最重要的，h6 是最不重要的。他们的表现样式是 h1 最大，h6 最小。如图 2 - 4 所示。

严格地说，h1 标签在一个页面只能用一次，相当于一篇文章的主标题。通常 h1 标签用来放页面中最重要的信息，如首页上网站的标题、列表页中列表的标题、内容页里文章的标题。

〈h1〉不仅是最大最突出的标题，也会被搜索引擎视为仅次于〈title〉标签的另一个搜索关键词的来源。在后面的章节中我们会通过案例来说明其用法。

h2 到 h6 可以任意使用，但应依设计意图，按顺序使用。比如，h3 应该是 h2 的子标题，h4 应该是 h3 的子标题，以此类推。

2.5.3　段落 p

HTML 里利用一对 p 标签表示一个段落，每一个段落都应该包含在起始标记〈p〉和结束标记〈/p〉之间，例如：

```
〈p〉这是铁路线上的一个小站。只有慢车才停靠两三分钟，快车疾驰而过。〈/p〉
〈p〉你在车上甚至连站名也来不及看清楚，一间红瓦灰墙的小屋，一排白漆的木栅栏，或许还有三五个人影，眨眼就消失了。火车两旁依然是逼人而来的山崖和巨石，这样的小站在北方山区是常见的。〈/p〉
```

在浏览器显示中，段落通常在下一个段落之前插入一个新行，并添加一小段垂直空间，如图 2 - 5 所示。

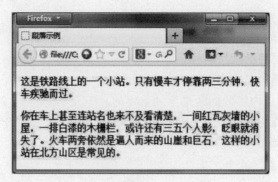

图 2-5

2.5.4　换行符 br

通常情况下,浏览器会将文本之间的空白字符都转化为一个空格,并将多余的空白字符过滤掉。例如,我们在代码视图输入包含换行的段落文本:

```
<p>常记溪亭日暮,
沈醉不知归路。
兴尽晚回舟,
误入藕花深处。
争渡,争渡,
惊起一滩鸥鹭。</p>
```

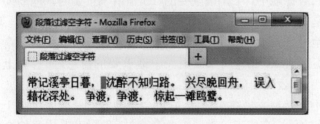

图 2-6

我们在浏览器中查看到的效果如图 2-6 所示。我们发现,代码视图中的换行部分在浏览器中以一个空格显示。

当我们需要在某个地方换行显示时,可以使用换行符
。当我们使用
时,在它后面的内容会另起一行显示。
元素是空元素,它不需要起始标签,直接以/结束。

当我们不希望格式像段落一样,而是像诗歌一样,可以这样编写代码:

```
<p>常记溪亭日暮,<br />
沈醉不知归路。<br />
兴尽晚回舟,<br />
误入藕花深处。<br />
争渡,争渡,<br />
惊起一滩鸥鹭。</p>
```

表现效果如图 2-7 所示。

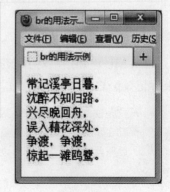

图 2-7

2.5.5　预格式化 pre

有时我们需要将预先排好的文本原封不动地显示出来。这时就需要用到 pre 元素。pre 可以告诉浏览器它所封装的文本是被预格式化的。先看下的小例子：

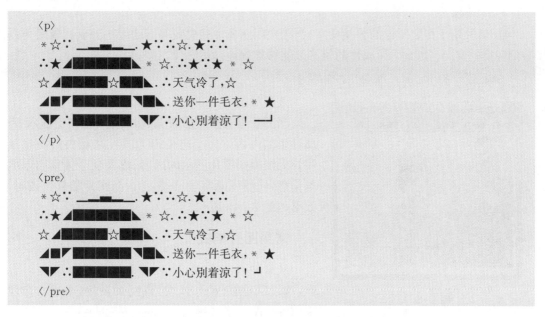

上例的表现效果如图 2-8 所示。从图中可以看出，用 p 和用 pre 所包含元素的展示效果的区别。通常用 pre 元素包含代表预格式化的文本，可以让用户的浏览器用一种固定样式展示文本，停用自动的单词换行，以此来保证按照原样展示预格式化文本。

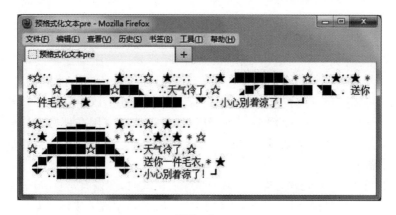

图 2-8

2.5.6　图像 img

img 元素用于在网页中插入图像。

格式：⟨img src="图片路径" alt="图像的替换文本"/⟩

其中，src(图片路径)属性和 alt(替换文本)属性是必须的。

● src 属性

src 属性用于指定加载图像的路径，路径可以是绝对路径，也可以是相对路径。通常我们会为站点中的图片创建独立的目录，如新建文件夹名为 images 或 img，将图片存放在相应的文件夹中,方便管理与调用。

● alt 属性

alt 属性用于指定图像的替换文本,当用户因图像加载失败等原因无法看到图像时可以看到替换的文字。因此,alt 属性的值必须能够准确地描述图像。例如:

〈img src="df.jpg" alt="宠物摄影作品"/〉

图 2 - 9

效果如图 2 - 9 所示。

当图片不存在或加载失败时,图片区域会显示 alt 属性里的内容。为了避免因为图片加载失败而导致用户无法得知图片展示的内容,以及便于搜索引擎抓取信息,应尽可能填写 alt 属性。当图片加载失败时,效果如图 2 - 10 所示。

常用图片格式

从某种程度上说,判断一个网页设计师是否优秀,可以从他在 Web 开发(或网页设计)中是否合理采用各种图片格式得出

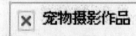

图 2 - 10

结论。事实上,或许所有人都知道图片存在 GIF、JPG 和 PNG 等格式,但并非所有人都知道它们之间的具体区别和使用技巧。

■ **JPG**

JPG 格式是一种大小与质量相平衡的压缩图片格式。其压缩比很高,压缩效果显著,支持全彩模式,可以表现非常丰富的图片色彩。其有损压缩所产生的损失,肉眼很难看出来。所以,网页中需要色彩比较丰富的全彩图像时,最好采用 JPG 格式。

用途 由于这种极其敏感的平衡特性,JPG 非常适合被应用在那些允许轻微失真的像素色彩丰富的照片场合。反之,JPG 格式图片并不适合色彩简单、色调少的图片,比如 LOGO、各种小图标。

我们利用 PhotoShop 处理好图片并保存为 jpg 格式时,图像有最佳、高、中、低质量的选项,其图像的大小主要是由质量决定的。对于浏览器而言,用高或中的质量就可以了。

■ **GIF**

GIF 格式是一种无损的 8 位图片格式。"无损"是指能够 100% 地保持原始图片的像素数据信息。专业名词"8 位"是指所能表现的颜色深度——一个 8 位图像最多只能支持 256 种不同颜色(一个多于 256 种颜色的图片若用 GIF 格式保存会出现失真)。

用途 由于 8 位颜色深度的限制,GIF 不适合应用于各种色彩过于丰富的照片存储场合。但它却非常适合应用在以下场合:

● Logo
● 小图标(Icon)
● 仅包含不超过 256 种色彩的简单、小型图片场合

GIF 动画:一个动态的 GIF 文件,是由若干帧图片所联结而成的动态图片。在显示时,这些动态帧被反复地绘制读取出来,从而形成了简单的动画效果。合理运用 GIF 动画能够为网页增添动静结合的效果,而过度使用则会使网页杂乱无章。

■ PNG

PNG 也是一种无损压缩图片格式,但与 GIF 格式不同的是,PNG 同时支持 8 位和 24 位的图像。

1. 8 位 PNG 图像

8 位 PNG 图片支持透明背景,像素颜色不能超过 256 种。除了压缩算法不同之外,此 8 位 PNG 格式与 GIF 格式极其相似。

用途 8 位 PNG 图片的用途与 GIF 格式基本相同。

- Logo
- 小图标(Icon)
- 仅包含不超过 256 种色彩的简单、小型图片场合

2. 24 位 PNG 图像

24 位 PNG 支持 160 万种不同的像素颜色与 Alpha 透明效果。这就意味着,无论透明度设置为多少,PNG 图片均能够与背景很好地融合。

2.5.7 超级链接 a

有了超级链接,互联网才如此丰富多彩,鼠标一点就可以轻松跳转到全球任意一个站点。超级链接简称超链接或链接,通常需要指定 href 或 name 属性。

当指定 href 值时,〈a〉便是一个超链接,用于链接到其他页面。

〈a href="http://www.baidu.com" target="_blank"〉百度〈/a〉

〈a〉:HTML 的一种标签,用它来标示的内容的链接。

href:属性用于指定链接目标,引号中的网址也可替换成"♯"号,代表空链接。也可以链接到某个页面文件,如"about.html"。

target:打开方式 _blank:新窗口,不加此句话就是默认在原窗口打开。

当指定的是 name 属性时,〈a〉就代表一个锚点。如果页面很长,利用锚点可以直接跳到页面的某一部分。

命名锚点的语法如下:

〈a name="锚点名"〉文字部分〈/a〉

定义好命名锚之后,在链接中要指定这个锚点,并在链接名称中加上"♯"号。例如:

〈a href="♯xm1"〉项目一〈/a〉
〈br/〉
...
〈br/〉
〈a name="xm1"〉项目一介绍〈/a〉

当点击"项目一"时,页面便可以直接滚动到"项目一介绍"的地方。

在文章内容比较多时,利用锚点链接可以快速定位到文章中的某个位置,在网页中也经常会用到。

2.5.8 hr 分割线

〈hr /〉单标签的作用是在 HTML 页面中创建一条分割线,在视觉上将文档分隔成各个部分。我们可以利用 CSS 样式来对其进行进一步设置。

2.5.9 修饰标签 strong 和 em

strong&em 都属于强调某一内容的标签。其中〈strong〉是重点强调,一般显示为粗体。〈em〉为斜体。例如:

〈p〉〈strong〉嫦娥三号〈/strong〉卫星是中国国家航天局嫦娥工程第二阶段的登月探测器,嫦娥三号由〈em〉着陆器和巡视探测器〈/em〉组成。〈/p〉

效果如图 2-11 所示。

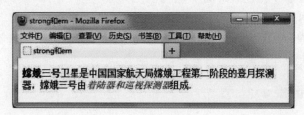

图 2-11

2.5.10 无序列表 ul

ul 是无序列表,以〈ul〉开始,以〈/ul〉结束,每一个列表项都包含在〈li〉之中,每一组〈li〉是一条列表项,每一条列表项前默认的样式是一个黑点,效果如图 2-12 所示。

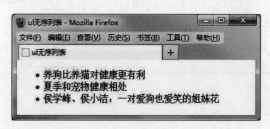

图 2-12

〈ul〉
　　〈li〉养狗比养猫对健康更有利〈/li〉
　　〈li〉夏季和宠物健康相处〈/li〉
　　〈li〉侯学峰、侯小洁:一对爱狗也爱笑的姐妹花〈/li〉
〈/ul〉

通常列表里的内容以链接的形式出现,如下:

```
〈ul〉
    〈li〉〈a href="♯"〉养狗比养猫对健康更有利〈/a〉〈/li〉
    〈li〉〈a href="♯"〉夏季和宠物健康相处〈/a〉〈/li〉
    〈li〉〈a href="♯"〉侯学峰、侯小洁:一对爱狗也爱笑的姐妹花〈/a〉〈/li〉
〈/ul〉
```

2.5.11　有序列表 ol

如果想让每条列表前面显示序号,只需将 ul 改成 ol 即可。ol 即有序列表。

```
〈ol〉
    〈li〉养狗比养猫对健康更有利〈/li〉
    〈li〉夏季和宠物健康相处〈/li〉
    〈li〉侯学峰、侯小洁:一对爱狗也爱笑的姐妹花〈/li〉
〈/ol〉
```

如图 2-13 所示:

2.5.12　自定义列表 dl

dl 是自定义列表,通常用来标记一些列表项和描述。以〈dl〉开始,包含了〈dt〉标签和〈dd〉标签,一个〈dt〉标签对应一个或者多个〈dd〉标签。例如:

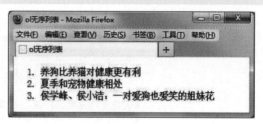

图 2-13

```
〈dl〉
    〈dt〉说话者〈/dt〉
    〈dd〉所说内容〈/dd〉
    〈dt〉图片〈/dt〉
    〈dd〉图片标题〈/dd〉
    〈dd〉图片描述〈/dd〉
    〈dt〉物品名称〈/dt〉
    〈dd〉说明图片〈/dd〉
    〈dd〉描述〈/dd〉
    〈dt〉网站(链接)〈/dt〉
    〈dd〉描述〈/dd〉
    〈dt〉日期〈/dt〉
    〈dd〉事件〈/dd〉
    〈dt〉事件〈/dt〉
    〈dd〉时间〈/dd〉
    〈dd〉描述〈/dd〉
    〈dd〉地点〈/dd〉
〈/dl〉
```

dl 标签是自定义列表集合,dt 是自定义列表标题,dd 是自定义列表内容,因此自定义标签 dl 一般是用于名词性解释或者多项目介绍的情况下。

当我们要呈现姜文的几部经典电影时可以这样：

```
〈dl〉
    〈dt〉《阳光灿烂的日子》〈/dt〉
    〈dd〉影片描述了文革期间马小军、米兰等一群少年在迈向青春时的心理与胜利的躁动。本片获
第 51 届威尼斯国际电影节沃尔皮杯最佳男演员奖(银狮奖)，第 33 届台湾电影金马〈/dd〉
    〈dt〉《太阳照常升起》〈/dt〉
    〈dd〉本片改编自叶弥的短篇小说《天鹅绒》。描写了上世纪六七十年代的一个故事。一对华侨夫
妇唐雨林及太太在文革中被下放到农村改造，妻子与村生产队里一个年仅 20 岁的〈/dd〉
    〈dt〉《让子弹飞》〈/dt〉
    〈dd〉该片自 2010 年 12 月上映后，刷新了国产电影的多项票房纪录，并引发了广泛的评论，评论
主要焦点在于观者认为片中含有大量政治隐喻。CNN 大赞这部影片"拥有能让观众牢牢钉在椅子上的
魅力"。其剧本受到奥斯卡主办方青睐，获邀收录于美国电影艺术与科学学院的官方图书馆。〈/dd〉
〈/dl〉
```

效果如图 2-14 所示：

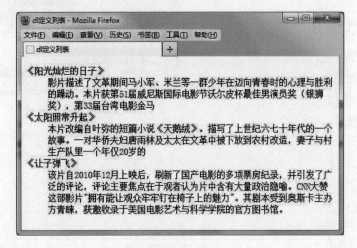

图 2-14

2.5.13 块元素 div

div 表示一个区块，是一个无语义的标签，里面可以包含 html 标签元素，起到分段与分块的作用，通常用来排版布局。我们可以把一个页面按照结构分成头部、导航、内容栏、侧栏和底部几个部分。这时，我们就可以把相应的部分分别利用 div 组装起来。并为其取相应的 class 或者 id 名，例如：

```
〈div class="header"〉〈/div〉
〈div class="nav"〉〈/div〉
〈div class="content"〉〈/div〉
〈div class="sidebar"〉〈/div〉
〈div class="footer"〉〈/div〉
```

2.5.14　行元素 span

span 表示一小段区域,无特殊语义。如希望区别一下一个段落中的某几个字,可以用 span 将这几个字框起来,以便于设置样式,如:

> 〈p〉2013 年芜湖市事业单位公开招聘计划正式公布,和往年单独举行招聘考试不同,今年我市招聘考试〈span〉首次纳入全省事业单位统考〈/span〉。3 月 4 日起开始报名,3 月 31 日笔试。〈/p〉

2.5.15　HTML 注释

HTML 注释存在的意义是方便我们编写代码的注释或者备忘,例如:

> 〈!-这里是最外层区块的开始-〉

"〈!-"和"-〉"之间的任何内容都不会在浏览器中显示,我们可以在源代码中看到它们。

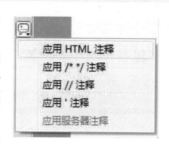

为代码添加相应的注释是一个非常好的习惯,尤其是在复杂的页面中,注释可以方便地为我们指示文档的各个部分以及注意事项等。同时,注释也可以帮助自己和其他人理解你所写的代码。

在软件中添加注释,可以先选中要被注释掉的文字,然后点击软件左侧应用注释图标里的"应用 HTML 注释"即可,如图 2-15 所示。

图 2 - 15

2.6　块元素与行元素的区别及转换

到目前为止,我们已经学习了许多 HTML 标签,现在我们认识下它们的分类。所有的 HMTL 元素可分为两类:

block 块级元素:独占整行的区块,特点是总是沿网页垂直方向另起一行,其宽度默认为 100％,如我们学过的 p、h1~h6、div、ul、ol、dl、pre、hr 元素等。

in-line 内联元素:允许后面的对象与之共享一行的对象,特点是总是与其前后其他元素保持在同一行,一般出现在句子中。如我们学过的 a、span、img、strong 和 em 等,其宽度取决于元素内部内容的多少。

下面通过一个小例子来理解块元素与行元素的区别。我们在 body 中输入本章所学的部分 HTML 代码:

> 〈a href="♯"〉我是 a 链接里的文字〈/a〉
> 〈p〉我是 p 段落里的文字〈/p〉
> 〈h1〉我是 h1 里的文字〈/h1〉
> 〈div〉我是 div 里的文字〈/div〉
> 〈span〉我是 span 里的文字〈/span〉
> 〈img src="" alt="这是一张图片"/〉
> 〈strong〉我是 strong 里的文字〈/strong〉
> 〈em〉我是 em 里的文字〈/em〉

然后利用样式设置,将他们的边框全部显示出来。关于样式的设置将在第 3 章详细讲解;关于通配符 * 将在第 4 章详细讲解;关于 border 属性将在第 3 章详细讲解。

在 HTML 文档的头部〈head〉〈/head〉标签里面输入代码:

```
〈style type="text/css"〉
body  *｛ border:＃000 solid 1px;｝
〈/style〉
```

得到效果如图 2-16 所示:

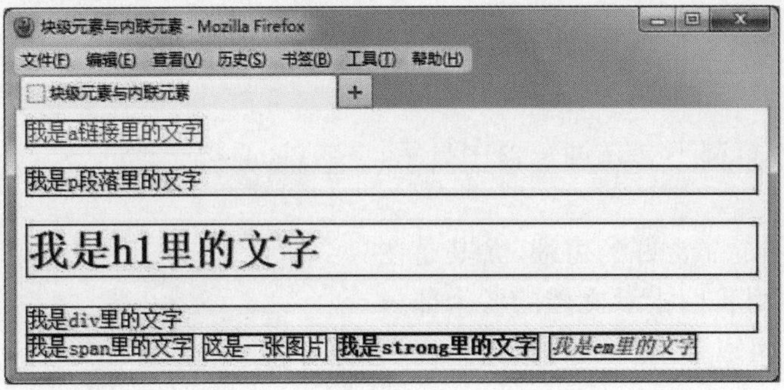

图 2-16

从图 2-16 可以很清楚的看到,p 标签、h1 标签、div 标签都是独占一整行,不允许其他元素与之共享一行。这就是块元素的特点。

而 a 标签、span 标签、img 标签、strong 标签和 em 标签都没有独占一整行,它们的宽度都是由里面内容的多少决定的,都允许其他的元素与之共享一行。这是行元素的特点。

我们可以通过 CSS 中的 display 属性来将行级元素与内联元素进行互相转换。值得注意的是,如果没有将行对象转换为块对象的话,对其设置宽度和高度是没有作用的。关于 display 属性设置代码如下:

```
display:inline;(转换为内联元素)
display:block;(转换为块级元素)
display:none;(隐藏元素)
```

例如,我们希望将 span 元素转换成块元素,可以这样设置:

```
span｛ display:block;｝
```

关于样式的设置,我们会在第三章进行详细的介绍。

当你开始使用 HTML 元素组织页面时,第一个要注意的问题应该是:它是块级元素,还是行内元素? 明确了这一点之后,就可以在编写标记的时候,预想到某个元素在初始状态下是如何定位的,这样才能进一步规划将来怎么用 CSS 重新定位它。

练　习

通过本章的学习,我们可以试着用一些常用的 HTML 标签来制作一个简单的案例。本案例以一篇关于介绍《CSS 禅意花园》一书的文章为例,利用一些常用的 HTML 标签来表现这篇文章。图 2-17 是本例的最终效果。本案例从上到下,分别用到了本章所学的一些常用的 HTML 标签。

本案例 HTML 代码结构如下:

CSS禅意花园

来源：百度　发表时间：2013-12-24

关于本书

作者，（美）莫里，译者，陈黎夫等，于2007年人民邮电出版社出版，全书剖析"CSS禅意花园"收录的6件设计作品，这些作品围绕统一个主要的设计概念展开，如文字的使用等。本书适合**网站设计人员**和*网站设计爱好者*阅读，更是专业网站设计师必读的经典著作。

编辑推荐

★Web视觉艺术设计的王者之书！

★作者是世界著名的网站设计师，书中的范例来自网站设计领域最著名的网站——CSS Zen Garden（CSS禅意花园）。 CSS禅意花园现在已发展到包含将近150件设计作品的规模，这些作品来自世界各地，树立了使用CSS设计高质量网站的标准。本书将引领读者探索"CSS禅意花园"中最激动人心的36件设计作品。

[跟书名一样美的书，和书的内容一样出色的译者]

书的排版和样式挺独特，打开看以后真得非常赏心悦目，色彩、字体、版式都让人很舒服。

让我很佩服的是这位译者，不是简单的翻译，而是把作者很多遗漏的内容、过时的信息都补充了，这种务求完美的责任心值得大大地赞一下。——网友

内容简介

全书分为两个主要部分。第1章为第一部分，讨论网站"CSS禅意花园"及其最基本的主题，包含正确的标记结构和灵活性规划等。第二部分包括6章，占据了本书的大部分篇幅。每章剖析"CSS禅意花园"收录的6件设计作品，这些作品围绕统一个主要的设计概念展开，如文字的使用等。通过探索36件设计作品面临的挑战和解决的问题，读者将洞悉主要的Web设计原则以及它们运用的CSS布局技巧，理解CSS设计的精髓，恰当地处理图形和字体来创建界面优美、性能优良且具有强大生命力的网站。

本书原版书自出版以来持续畅销，受到众多网站设计师的推崇。本书适合网站设计人员和网站设计爱好者阅读，更是专业网站设计师必读的经典著作。

媒体推荐

本书是我读过的同类图书里唯一一带有设计理念的CSS书籍，它在内容上侧重于趋于完美的理念设计web页面。然后告诉你如何应用CSS来布局。作者向我们传达了"设计理念"为主，"技术"为辅的网页设计思路。书中有很多难以描述的巧妙设计思路，使得设计效果富有生命力，这种生命力不是用技术来实现的，而是完整的由作者的脑海中传达给读者，告诉读者他思考的设计理念。比如我看了第二章的设计方面，作者点缀贝壳，因为贝壳藏身海底，设计者在贝壳上点缀了些海洋锈迹，这个效果看起来相当舒服，富有层次感。真是让我受益匪浅。

就我个人感觉来说，这本书绝对是web设计领域的经典之作。妙就妙在不是教你如何设计，而是引导你的设计理念，没有理念，再高的技术做出来的东西也不过如此。一个人的能力是多方面的，技术只不过是其中的一环，绚丽的效果并不代表一切，就好像能做漂亮衣服的裁缝不一定会选衣服和搭配服饰。在设计领域内，设计理念永远走在技术前面。

——中国最大IT技术社区CSDN网站 首席网页设计师 武悦

图 2 - 17

〈h1〉CSS 禅意花园〈/h1〉

〈hr/〉

〈span〉来源:〈a href="http://www.baidu.com" target="_blank"〉百度〈/a〉发表时间:2013－12－24〈/span〉

〈hr/〉

〈ol〉

    〈li〉〈a href="♯about"〉关于本书〈/a〉〈/li〉

    〈li〉〈a href="♯recommend"〉编辑推荐〈/a〉〈/li〉

    〈li〉〈a href="♯cotent"〉内容简介〈/a〉〈/li〉

    〈li〉〈a href="♯medium"〉媒体推荐〈/a〉〈/li〉

〈/ol〉

〈h2〉〈a name="about"〉关于本书〈/a〉〈/h2〉

〈img src="cyhy.jpg" alt="CSS 禅意花园"/〉

〈p〉作者:(美)莫里,译者:陈黎夫等,于 2007 年人民邮电出版社出版,全书剖析"cSS 禅意花园"收录的 6 件设计作品,这些作品围绕一个主要的设计概念展开,如文字的使用等。本书适合〈strong〉网站设计人员〈/strong〉和〈em〉网站设计爱好者〈/em〉阅读,更是专业网站设计师必读的经典著作。〈/p〉

〈h2〉〈a name="recommend"〉编辑推荐〈/a〉〈/h2〉

〈p〉★Web 视觉艺术设计的王者之书!〈/p〉

〈p〉★作者是世界著名的网站设计师,书中的范例来自网站设计领域最著名的网站——CSS Zen Garden(CSS 禅意花园)。

CSS 禅意花园现在已发展到包含将近 150 件设计作品的规模,这些作品来自世界各地,树立了使用 CSS 设计高质量网站的标准。本书将引领读者探索"CSS 禅意花园"中最激动人心的 36 件设计作品。〈/p〉

〈p〉[跟书名一样美的书,和书的内容一样出色的译者]〈/p〉

〈p〉书的排版和样式挺独特,打开看以后真得非常赏心悦目,色彩、字体、版式都让人很舒服。〈/p〉

〈p〉让我很佩服的是这位译者,不是简单的翻译,而是把作者很多遗漏的内容、过时的信息都补充了,这种务求完美的责任心值得大大地赞一下。——网友〈/p〉

〈h2〉〈a name="cotent"〉内容简介〈/a〉〈/h2〉

〈p〉全书分为两个主要部分。第 1 章为第一部分,讨论网站"CSS 禅意花园"及其最基本的主题,包含正确的标记结构和灵活性规划等。第二部分包括 6 章,占据了本书的大部分篇幅。每章剖析"cSS 禅意花园"收录的 6 件设计作品,这些作品围绕一个主要的设计概念展开,如文字的使用等。通过探索 36 件设计作品面临的挑战和解决的问题,读者将洞悉主要的 Web 设计原则以及它们运用的 CSS 布局技巧,理解 CSS 设计的精髓,恰当地处理图形和字体来创建界面优美、性能优良且具有强大生命力的网站。〈/p〉

〈p〉本书原版书自出版以来持续畅销,受到众多网站设计师的推崇。本书适合网站设计人员和网站设计爱好者阅读,更是专业网站设计师必读的经典著作。〈/p〉

〈h2〉〈a name="medium"〉媒体推荐〈/a〉〈/h2〉

〈p〉本书是我读过的同类图书里唯一带有设计理念的 CSS 书籍,它在内容上侧重于趋于完美的理念设计 Web 页面.然后告诉你如何应用 CSS 来布局。作者向我们传达了"设计理念"为主,"技术"为辅的网页设计思路。书中有很多难以描述的巧妙设计思路,使得设计效果富有生命力,这种生命力不是用技术来实现的,而是完整的由作者的脑海中传达给读者,告诉读者他思考的设计理念。比如我看了第二章的设计方面,作者点缀贝壳,因为贝壳藏身海底,设计者在贝壳上点缀了些海洋锈迹,这个效果看起来相当舒服,富有层次感。真是让我受益匪浅。〈/p〉 〈p〉就我个人感觉来说,这本书绝对是 Web 设计领域的经典之作。妙就妙在不是教你如何设计,而是引导你的设计理念,没有理念,再高的技术做出来的东西也不过如此。一个人的能力是多方面的,技术只不过是其中的一环;绚丽的效果并不代表一切,就好像能做漂亮衣服的裁缝不一定会选衣服和搭配服饰。在设计领域内,设计理念永远走在技术前面。〈/p〉

〈p〉——中国最大 IT 技术社区 CSDN 网站 首席网页设计师 武悦〈/p〉

【代码解析】　本案例仅利用 HTML 标签来表现这篇文章。文章标题我们采用 h1 标签来表示,并利用两个 hr 标签来分割标题与内容部分。在 hr 中间部分,我们利用 span 标签来表示其来源与发表时间。来源上面的"百度"两个字,我们利用 a 标签为其添加了链接,并设置打开方式为"_blank",即在新窗口打开。

接下来,我们利用一个 ol 列表来代表这篇文章的索引,并为每个索引添加了锚点链接,以便快速定位到读者最感兴趣的部分。

后面分别利用了四个二级标题 h2 来代表文章中的四个部分,并为四个 h2 标题的文字部分都添加了命名锚点,和上面的索引部分对应。

将页面保存并预览便会看到如图 2-17 所示效果。保存页面时,如果保存的是首页则命名为:index. html。index 即首页的意思。

以上代码仅用到了几个 HTML 标签,就把一篇文章表现了出来。虽然这时我们并没有给其设置 CSS 样式,但是这并不妨碍我们对这篇文章的阅读。它看起来依然结构清晰。因为我们选择了代表其语义的标签。如标题我们用〈h1〉,二级标题我们用〈h2〉等。只要 HTML文档结构良好,今后将很容易通过 CSS 样式让文档变得非常漂亮。

选择使用什么 HTML 标签要根据其语义,而不是样式。用 HTML 标记内容的目的是为了赋予网页语义。换句话说,就是要给你的网页内容赋予计算机能够理解的含义。我们在制作网站的过程中,要尽量的用符合其语义的标签去表示相应的内容,使得我们的网站尽量符合语义化。

小贴士

语义化是指合理地利用 HTML 标记以及其特有的属性去格式化文档内容。通俗地讲,语义化就是对数据和信息进行处理,使得机器可以理解。换句话说,就是要给你的网页内容赋予某些用户代理(user agent)能够理解的含义。我们平常用的浏览器、给视障用户朗读网页的屏幕阅读器以及搜索引擎放出的 Web 爬虫都是用户代理,它们需要显示、朗读和分析网页。

第3章 CSS 基础

上一章我们介绍了 HTML 相关内容,并利用 HTML 的一些常见标签元素构造出了一篇文章,接下来学习如何使页面看上去更生动。

本章将介绍如何使用 CSS(层叠样式表单的简称)来控制页面的表现,如页面元素的大小、颜色、字体、位置、宽高尺寸等一系列设置。

目前 CSS 的最新版本是 CSS3,在浏览器的支持上,谷歌的 Chrome 和苹果的 Safari 走在最前列,微软的 IE9 以下基本不支持,所以说目前并未完全获得各主流浏览器的支持,因此本书主要讲解的还是 CSS2.1 规范。

3.1 什么是 CSS

CSS 是英语 Cascading Style Sheets(层叠样式表单)的缩写,中文意思是层叠样式表单,是一种用来表现 HTML 文件样式的计算机语言。CSS 通过"样式"来表示网页的颜色、字体、位置、大小、宽高尺寸等属性。一系列的样式组成了"样式表"。

CSS 是由 W3C 的 CSS 工作组创建和维护,不需要编译即可直接由浏览器执行的一种标记性语言。我们在网上浏览的任何一个页面都是应用了 CSS 样式的,没有 CSS 的页面犹如一个没有任何包装的产品一样,很难吸引用户的眼球。

我们看下面两个页面,它们的内容完全一样,图 3-1 是未设置 CSS 样式的表现效果,而图 3-2 是设置了 CSS 样式的表现效果。

图 3-1

图 3-2

3.2 CSS 的语法结构

CSS 语法由两部分组成:选择器和声明块。

● 选择器

选择器又称为选择符,指样式所要作用的对象。

● 声明块

由一个或多个声明组成,每一个声明由一个 CSS 属性和该属性的值组成。一个属性后面跟一个冒号,冒号后面是属性值,属性值写完以分号结束。

属性是 CSS 的核心,CSS 提供了丰富的样式属性来控制 HTML,例如颜色、大小、高度、宽度、定位等。

值,就是指属性的值。如图 3-3 所示"color:♯F00;",这里的 ♯F00 就是属性 color 的值。

很多情况下属性值由多个关键字组成,多个关键字之间用空格隔开。如边框border属性:

图 3-3

border:♯000 solid 1px;

属性和属性值之间用冒号隔开,属性写完要用分号结束。冒号和分号都一定要在英文输入法状态下输入,否则页面会出错。

3.3　应用 CSS 到页面里

CSS 代码可以通过以下几种方法来应用于页面中,选择哪种方法根据我们的需求而定。

3.3.1　定义行间样式

行间样式是直接写在 HTML 标签里的,例如:

〈h1 style="font-size:14px; color:red;"〉最新宠物摄影〈/h1〉

其中的 style 代表样式,具体对标签应用的样式写在引号里面。上例中给 h1 应用了一个"font-size:14px;"的样式,将 h1 的字体大小设置为 14 像素,"color:red;"表示颜色为红色。

这种方法现在一般不提倡使用,在实际工作中可以用来临时调试样式代码。

3.3.2　定义内部样式

内部样式写在〈head〉元素内,通过〈style〉元素包含属性。通常写法如下:

〈head〉
〈title〉应用嵌入样式〈/title〉
〈style〉
body{ font-size:14px;}
〈/style〉
〈/head〉

这种方法是初学 CSS 时常用的形式,适用于样式较少的单独页面。本书前 10 章的小练习基本都是采用此种方法。在实际工作中不推荐使用这种形式,因为此方法只能对当前页面有效,不能通用于整个网站。在实际的项目中我们用的最多的是下面一种方法。

3.3.3　链入外部样式表

链入外部样式表通常是工作中用的最多也是最好的一种形式,它将样式单独放在一个 CSS 文件中,再由网页进行调用。同一个样式文件可以被多个网页调用,从而实现了代码的最大限度的复用。外部样式应在〈head〉区域内声明。例如,我们新建一个文件名为 style. css 的样式文件,并保存在我们网站文件夹的根目录下,调用此文件的语法如下:

〈link rel="stylesheet" href="style. css" type="text/css" media="all"/〉

link 标签用来调用外部样式文件。

rel 属性用于定义链接的文件和 HTML 文档之间的关系。

stylesheet 用于指定一个固定或首选的样式。

href 属性用于指定外部样式表的地址。

type 属性用于指定媒体类型。

media 属性指定用于文档的输出设备,通常其值都为 all 即应用于所有设备。

对于写在样式表里的样式,就不需要〈style〉标签了。如果你在样式表里加上这个标签,样式表中的样式就不会被浏览器加载。

3.4　关于样式的优先权

在这几种定义样式的写法中存在一个优先权的问题,总结起来就是:从上到下,从总体到局部。如果后面重新定义了前面定义过的同类性质的属性,则以后定义为准。

如果位于 HTML 文档里层的标签,重新定义了外层标签定义过的同一属性,浏览器显示里层标签的内容时,以里层标签的定义为准;如果里层标签没有对外层标签定义过的某种属性重新定义,浏览器显示里层标签的内容时,继承外层标签的定义。

如果在一个网页中同时使用了行间样式、内部样式、外部样式,他们的优先级的顺序依次是:行间样式>内部样式>外部样式。

3.5　样式的继承

样式的继承就是指父容器所拥有的属性会部分作用于其所有子容器里的元素。有些样式不会被继承,例如 width、margin、padding 等。最典型的例子就是,如果我们整个页面的大部分文字都是 12 号的,我们可以定义 body{ font-size:12px;},那么页面中大部分标签的字体大小都将变为 12px。

3.6　常用 CSS 属性

从本节开始,我们将学习一些常用的 CSS 属性。通过这些 CSS 属性的学习,我们可以做出很多常见的网页效果。

3.6.1　文字相关样式属性

文字样式属性主要是用来改变文字的颜色、字体、大小、粗细、行距、对齐方式、文本修饰等。常用的文字样式属性如下表 3－1 所示：

■ **color 属性**

color 属性用于指定文本颜色。它的值可以是十六进制编码、颜色名或者三原色单位。

十六进制编码：一种 6 位的数字代码，分别表示组成颜色的红、绿、蓝值，数字前面具有一个"＃"号（例如：＃FF0000）

颜色名：直接利用英文颜色名，例如 red、green、blue 等。

三原色单位：通过指定某颜色所需的红、绿、蓝值，也就是 rgb 值来指定颜色。

表 3－1　常用的文字样式属性

属性	说　明
color	指定文字颜色
font-family	指定所用字体的字体族
font-size	指定字体大小
font-weight	指定字体是否正常或加粗
font-style	指定字体是否是正常或斜体
line-height	指定文字的行距
text-decotation	指定文本修饰
text-indent	指定文本缩进
text-align	指定义本的水平对齐方式

例如，下面三种写法都定义了段落文字为红色：

```
p{color:＃FF0000;}
p{color:red;}
p{color:rgb(255,0,0);}
```

■ **font-family 属性**

font-family 属性用于指定要使用的文字字体。此属性的缺陷在于查看页面的机器必须安装了所需的字体，否则不能以指定的字体显示。我们可以一次指定多种字体，字体间用英文逗号隔开，如用户的机器上没有第一种字体，则浏览器会查找我们指定的下一种字体。如，我们为 h1 标题指定字体：

```
h1{ font-family:Arial, Helvetica, sans-serif;}
```

通常在不指定字体的情况下，浏览器默认以宋体显示。

■ **font-size 属性**

font-size 属性用于指定文字大小，例如我们指定 p 段落的文字大小为 12 像素：

```
p{font-size:12px;}
```

■**font-weight 属性**

font-weight 属性用于指定文本是粗体还是正常，其中 bold 是最常用的值，设置文字为粗体显示。如果希望默认样式已经是粗体显示的文本（如 h 系列）为正常显示，那么可以用 normal（正常显示）。

■font-style 属性

font-style 属性用于指定字体是 normal(正常)或 italic(斜体)等。如我们希望默认为斜体的⟨em⟩标签正常显示,可以这样写:

em{ font-style:normal;}

■ line-height 属性

line-height 属性用于指定行与行之间的距离。在正文中,行距能让文本有足够的视觉空间,使用户浏览更舒服、更有层次感。例如我们设置 p 段落的行距为 28px,可以这样:

p{ line-height:28px;}

■ text-decotation 属性

text-decotation 属性用于指定文本修饰,其可用的值通常有以下三个:
①underline:在文字下方添加一条线。
②overline:在文字顶部添加一条线。
③line-through:在文字中间添加一条线,类似于删除线。

■ text-indent 属性

text-indent 属性用于缩进文本的第一行。例如,每个段落开始空两格,可以这样写:

p{ text-indet:2em;}

■ text-align 属性

text-align 属性用于设置文本的水平对齐方式。可选参数通常有 left(左对齐)、center(居中对齐)和 right(右对齐),例如,我们希望设置 h1 的文字为居中对齐,可以这样:

h1{ text-align:center;}

3.6.2 设置尺寸属性

用于设置尺寸的属性见下表 3-2 所示。

表 3-2 设置尺寸的属性

属性	说明
height	设置高度
width	设置宽度
max-height	设置最大高度
mix-height	设置最小高度
max-width	设置最大宽度
mix-width	设置最小宽度

■ height 和 width 属性

height 和 width 属性用于设置元素的高度和宽度,它们能用的值包括长度、百分比或者关键字 auto(auto 为默认值,代表自动)。

■ max-width 和 min-width 属性

max-width 属性和 min-width 属性分别用于指定元素的最大和最小宽度。当我们创建自适应页面部分以适应用户屏幕大小时,这两个属性非常有用。max-width 属性能够防止容器太宽，而 min-width 属性可以防止太窄。

　　这两个属性的值可以是数值、长度或百分比。如，我们利用这两个属性组合设置〈div〉元素不能小于 300 像素宽而且不能大于 600 像素宽，可以这样写：

```
div{ min-width:300px; max-width:600px;}
```

■ min-height 属性和 max-height 属性

min-height 属性和 max-height 属性分别用于设定容器的最小高度和最大高度。
这两个属性的值同样可以是数值、长度或百分比。

■ overflow 属性

有时当我们为容器设置了相应的高度后，会发现由于容器不够高，里面的元素超出了设定的高度。这时我们便可以利用 overflow 属性来进行相应的设置。

overflow 设置当对象超出指定高度和宽度时如何处理，取值有：

visible：默认值，内容不会被修剪，会呈现在元素框之外。

auto：在需要时剪切内容并添加滚动条。

hidden：不显示超过对象尺寸的内容。

scroll：总是显示滚动条。

下面我们通过一个小例子来理解 overflow 的显示方式。我们新建一个 class 名为 box 的 div 区块，结构代码如下：

```
〈div class="box"〉〈p〉你在车上甚至连站名也来不及看清楚，一间红瓦灰墙的小屋，一排白漆的木栅栏，或许还有三五个人影，眨眼就消失了。〈/p〉〈/div〉
```

下面是样式的设置，我们将 overflow 的四个属性依次替换：

```
.box{ width:150px; height:100px; border:#000 solid 1px; overflow:visible;}
```

下图 3-4 所示分别是四个属性的显示效果：

overflow:visible;

overflow:auto;

overflow:hidden;

overflow:scroll;

图 3-4

3.6.3　border 边框

边框是对象的边界框,用来设置对象的边框样式,实现美化美观,并起到分割、规划布局作用。

边框(border)有 3 个相关属性。

■ **border-width**

设定边框的宽度,其值不能是百分比,必须是一个长度值或 thin(细边框)、medium(中等边框)、thick(粗边框)这几个值之一。

可以使用下面的属性单独定义边框的上下左右的宽度:

border-top-width、border-bottom-width、border-left-width、border-right-width

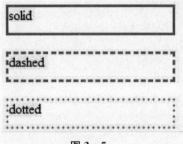

图 3-5

■ **border-style**

设定边框的样式,有 dotted(点线)、dashed(虚线)、solid(实线)等一些常用的文本值。图 3-5 给出了常用三种边框样式的显示效果:

同样也可以单独设置某个方向的边框样式,例如:border-top-style、 border-bottom-style、 border-left-style、border-right-style。

■ **border-color**

设定边框的颜色,该属性值可以是十六进制的颜色编码或者颜色名。

同样也可以单独设置某个方向的边框颜色:

border-top-color、border-bottom-color、border-left-color、border-right-color

■ **简写方式 border**

简写方式直接用 border 表示,是复合样式,由宽度、线型和颜色组成,每个属性中间用空格分开。

语法:border:border-width‖border-style‖border-color

```
border:5px #000000 solid;
边框:宽度 颜色 线型
```

线型可替换:solid 实线、dashed 虚线、dotted 点线等比较常用的几种线型。

也可在 border 后加上下左右方位,来表示不同方向上的边框样式。例如:

```
border-top: #000000 solid 5px;          /* 定义上边框为 5 像素的黑色实线 */
border-left: #000000 solid 5px;         /* 定义左边框为 5 像素的黑色实线 */
border-right: #000000 solid 5px;        /* 定义右边框为 5 像素的黑色实线 */
border-bottom: #000000 solid 5px;       /* 定义下边框为 5 像素的黑色实线 */
```

3.6.4　background 背景

一个页面的背景色与背景图的色调，能够给用户留下最直观的第一印象。

背景有 5 个主要的(background)属性，它们是：

background-color：指定填充背景的颜色。

background-image：引用图片作为背景。

background-position：指定元素背景图片的位置。

background-repeat：决定是否重复背景图片。

background-attachment：决定背景图是否随页面滚动。

这些属性可以全部合并在一起简写为属性：background。需要注意的是背景占据元素的所有内容区域。下面开始逐一介绍，我们重点要学会后面的简写方式，因为工作中经常会用到。

■ background-color 背景颜色

background-color 专门用于设置背景颜色，颜色值可以是十六进制颜色，也可以是某颜色的英文或者 rgb 值，这几种方式得到的效果完全相同。

```
body{background-color:red;}
h1{background-color:#ff0000;}
p{background-color:rgb(255,0,0);}
```

■ background-image 背景图

background-image 专门用于设置背景图片。在用 background-image 时需要注意图片路径问题。图片路径是相对于样式表的，因此以下的代码中，图片和样式表是在同一个目录下。

```
background-image:url(image.jpg);
```

但是如果图片在一个名为 images 的文件夹中，而样式表在根目录的话，就应该是：

```
background-image:url(images/image.jpg);
```

如果 css 文件在一个名为 css 的文件夹中，应该写成：

```
background-image:url(../images/image.jpg);
```

工作中我们在利用 Dreamweaver 选取图片的时候，软件会自动帮我们写好图片的路径。

■ background-repeat 背景平铺方式

设置背景图时，默认铺满整个元素。但是有时我们需要的效果可能是只横向平铺或者只竖向平铺，也可能是不平铺，可以这样编写代码。

```
background-repeat:no-repeat;    /* no-repeat 指不平铺。图片只展示一次,并以左上角为起
点。*/
background-repeat:repeat-x;    /* repeat-x 指水平方向平铺(沿 x 轴) */
background-repeat:repeat-y;    /* repeat-y 垂直方向平铺(沿 y 轴) */
```

■ background-position 背景定位

background-position 属性用来精确控制背景图在元素中的位置,后面跟两个参数,分别用于控制横坐标和纵坐标。参数可以是数值,也可以是方位。第一个值代表 X 轴坐标,正数向右偏移,负数向左偏移。第二个值代表 Y 轴坐标,正数向下偏移,负数向上偏移。

```
background-position:15px 0;          /* 背景元素右移15像素 */
background-position:-75px 0;         /* 背景元素左移75像素 */
background-position:0 80px;          /* 背景元素下移80像素 */
background-position:right bottom;    /* 背景元素位于区块右下角 */
```

■ background-attachment 属性

定义背景图片随滚动轴的移动方式。
取值:scroll | fixed
scroll:随着页面的滚动,背景图片将移动。
fixed:随着页面的滚动,背景图片不会移动。
例如:

```
body{
    background:#d6f5a9 url(body_bg.jpg) no-repeat top;
    background-attachment:fixed;
    }
```

当我们向下拉滚动条时,背景图片将不会随着内容的上移而向上移动,前提是页面要足够长。

■ background 背景简写设置

background 背景属性是复合属性,由一系列与背景有关的属性组成,可以把背景的各个属性合为一行,不用每次都单独写出来。格式如下:

```
background:color || image || position || attachment || repeat
```

下面的声明列出了背景简写的大部分用法:

```
background:#f00;                        /* 背景颜色 */
background:url(mm.gif);                 /* 平铺 */
background:url(mm.gif) no-repeat;       /* 不平铺 */
background:url(mm.gif) repeat-x;        /* 横向平铺 */
background:url(mm.gif) repeat-y;        /* 竖向平铺 */
background:url(mm.gif) no-repeat top;   /* 不平铺,并从顶部开始 */
```

```
background:url(mm.gif) no-repeat center;          /*不平铺,并从中间开始*/
background:url(mm.gif) no-repeat left;            /*不平铺,并从左边开始*/
background:url(mm.gif) no-repeat right;           /*不平铺,并从右开始*/
background:#ccc url(mm.gif) repeat-x top;         /*同时定义背景色与背景图片*/
background:url(mm.gif) no-repeat -50px 100px;   /*后面两个值是 background-position 参数*/
```

■ background 背景展示效果

下面我们通过几个列子来理解背景的使用。

在 body 里新建一个 div 区块:

```
结构:<div></div>
样式:div{ width:260px; height:120px; border:#000 solid 2px; background:url(wy.gif); }
```

将样式中加粗的部分替换成以下属性:

background:url(wy.gif);是背景平铺效果,如图 3-6 所示。

background:url(wy.gif) no-repeat;是背景不平铺效果,如图 3-7 所示。

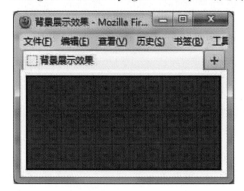 

图 3-6　　　　　　　　　　　　　　　　图 3-7

background:url(wy.gif) repeat-x;是背景横向平铺效果,如图 3-8 所示。

background:url(wy.gif) repeat-y;是背景纵向平铺效果,如图 3-9 所示。

 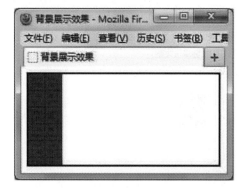

图 3-8　　　　　　　　　　　　　　　　图 3-9

background:url(wy.gif) no-repeat left;是背景不平铺且靠左效果,如图 3-10 所示。

background:url(wy.gif) no-repeat right;是背景不平铺且靠右效果,如图 3-11 所示。

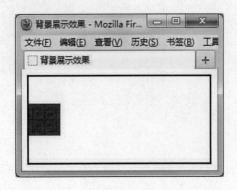 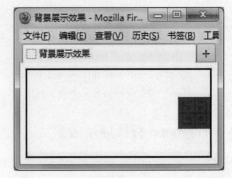

图 3-10 图 3-11

background：url(wy. gif) no-repeat top；是背景不平铺且靠上效果，如图 3-12 所示。

background：url(wy. gif) no-repeat bottom；是背景不平铺且靠下效果，如图 3-13 所示。

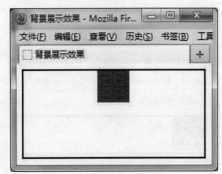 

图 3-12 图 3-13

background：url(wy. gif) no-repeat 20px 30px；是背景不平铺且向右移 20 像素向下移 30 像素效果，如图 3-14 所示。

background：url(wy. gif) no-repeat left bottom；是背景不平铺且靠左靠下效果，如图 3-15 所示。

 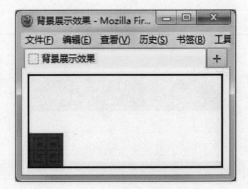

图 3-14 图 3-15

background：url(wy. gif) no-repeat right bottom；是背景不平铺且靠右靠下效果，如图 3-16 所示。

background:url（wy. gif) no-repeat top right；是背景不平铺且靠上靠右效果，如图
3－17 所示。

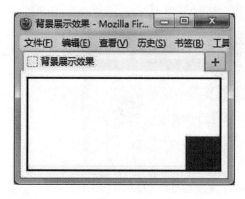
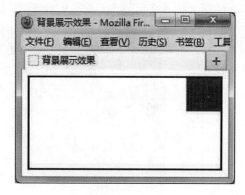

图 3－16　　　　　　　　　　　　　图 3－17

■ 同时定义背景图与背景色

　　首先给 body 定义一个背景图，不平铺并靠上。这样做的目的是保证无论在多少分辨
率的浏览器上，背景图都会在浏览器靠上部的正中间，以中间为基准对齐。

    body{ background:url(body_bg. jpg) no-repeat top;}

　　效果如图 3－18 所示。

　　然后用 PHOTOSHOP 软件打开本图片，配合拾色器利用吸管工具在图片的最下方点
一下，得到图片最下方的颜色值：♯d6f5a9。效果如图 3－19 所示。

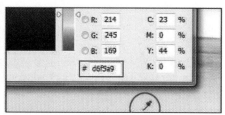

图 3－18　　　　　　　　　　　　　图 3－19

　　得到色值之后，把色值加到背景图片之前，并用空格与背景图隔开。

    body{ background：♯d6f5a9 url(body_bg. jpg) no－repeat top;}

　　效果如图 3－20 所示。

　　这里我们看到整个页面很自然地过渡到了一片绿色效果，其实就是利用了同时定义背
景色与背景图的效果。下面的一大片绿色已经不是图片部分，而是我们定义的背景色

图 3 - 20

background：#d6f5a9 url(body_bg.jpg) no-repeat；样式中的颜色值#d6f5a9。

■ 背景的常见用法1——文本替换

在网页上，系统字体是无法满足所有用户及浏览器的。如果想让我们设计的文字适用于任意浏览器，简单方法是用字体来做一张图片，并用这张图片作为背景。这样，文本依然可以出现在文档标记中以供搜索引擎检索和屏幕浏览器识别，而在浏览器中也会显示首选的字体。

例如，HTML 标记是这样的：

<h2>THE ROAD TO VICTORY</h2>

浏览器默认的效果是这样的：

THE ROAD TO VICTORY

我们想要自己设计的效果，可以将效果部分保存为图片，然后将图片作为 h2 的背景部分来替换文本，样式可以这样写：

```
h2 {
width：370px；
height：43px；
background：url(h1_road. gif) no-repeat；        /* 定义设计的背景图 */
text-indent：-9999px；                          /* 将文字无限向左缩进 */
}
```

最终效果如图 3 - 21 所示。

图 3 - 21

■ 背景的常见用法 2——Css Sprite

CSS Sprite 在国内被很多人称为 css 精灵,是一种网页图片应用处理方式。2004 年,Dave Shea 提出了一种使用 CSS 来控制组合图片的方案,将一个页面涉及到的所有零星图片都包含到一张大图中,使用 CSS 定义背景属性,来控制图片的显示位置。

当页面加载时,不再加载每一张图片,而是一次加载整个组合图片,从而大大减少了HTTP 的请求次数,减轻了服务器的压力。

CSS Sprite 通常是用来合并频繁使用的图形元素,如图标、按钮等。涉及内容的图片并不是每个页面都一样,通常不能合并到大图中。

在实际运用中,不能随意组合图片,要根据图片的大小、图片所在页面中出现的位置、图片文件的格式等诸多因素而定。

在使用 CSS Sprite 时要注意以下几点:

● 通常需要固定容器宽度与高度。

● 为了浏览器的兼容,避免图片之间互相影响,图片之间最好留有一定的空隙。

● 相反的位置——在制作大型图片合并时,如果小图片显示的位置相对靠左,那么它在大图片的位置就靠右,反之亦然。这样就避免了在定位图像时出现的错误定位情况。

基于以上几点考虑,下面以迅雷网站应用的效果为例,来学习如何利用 CSS Sprite 实现页面效果。

图 3-22

我们访问迅雷首页(http://www. kankan. com/),会发现许多图片的右上角都会有"预告"、"1080P"等字样的小标签,如图 3-22 所示。

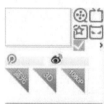

图 3-23

当我们把图 3-22右上角的"预告"图标下载下来之后,会发现图片如图 3-23所示。

在图 3-23 中包含迅雷首页用到的所有的图片,其中"预告"这个小标也包含在内。

例　只显示"预告"图标。

首先,我们新建一个 class 名为 yugao 的 div,并设置其宽高为预告所需宽高。如图3-24。

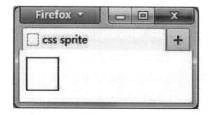

图 3-24

```
.yugao{
    width:36px; height:36px; border:#000 solid 1px;
}
<div class="yugao"></div>
```

这一步,相当于创建好了容纳所需背景部分的盒子。

下面就是对这个盒子指定背景并设置背景的 X 坐标和 Y 坐标。在 no－repeat 之后还可以继续添加 background－position 背景定位属性。在此我们利用简写方式,添加 background属性:

```
.yugao{
    width:36px; height:36px; border:#000 solid 1px;
    background:url(sp.png) no－repeat －113px －263px;/*定义背景不平铺并向左113px向上
263px*/
}
```

这样就完美实现了只显示"预告"部分背景图的效果,如图 3－25 所示。

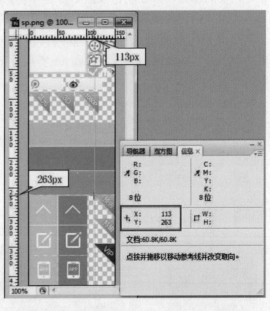

图 3－25　只显示"预告"小图标效果　　　　　　　**图 3－26**

这里我们需要说明的是,在 no－repeat 之后的－113px 和－263px 这两数值是如何计算出来的。

你可以用 PS 打开这张图片,然后把鼠标放到相应的位置,就可以在 PS 的"信息"面板中看到它的坐标了。如图 3－26 所示。

同样的道理,当我们需要显示"VIP"部分的话,保持 X 轴不动,将 Y 值修改为－345px。代码如下:

```
background:url(sp.png) no－repeat －113px －345px;/*定义背景不平铺并向左113px向上
345px*/
```

便会得到图 3-27 所示的"VIP"部分效果。

通过上面的几个案例可以看出，CSS Sprite 大部分情况下都是运用到固定尺寸的容器里。容器的尺寸要和背景部分的尺寸相一致。然后利用 background-position 背景定位属性来找到大图中要用到部分的具体位置。

图 3-27

CSS Sprite 对于大型网站来说很有价值，因为它可以减少服务器的请求次数。图片的加载是需要服务器请求的，一张图片需要一条 http 请求。访问的次数越多，服务器的压力也就越大。将多张装饰性的背景图片合并成一张大图，大大减少了服务器的请求次数，从而减小了服务器的压力。

腾讯网首页就是一个非常典型的例子，图 3-28 是腾讯网站首页的 CSS Sprite 大图。可以说，CSS Sprite 技术是一把双刃剑：一方面，它可以有效地降低服务器负荷，减轻服务器压力；另一方面，由于装饰性的小图都固定在一个大图中，因此我们要精确地测量坐标，而且每一个小图的坐标都不能轻易改动，降低了可维护性。

图 3-28

总而言之，你需要在可维护性和降低负载之间权衡利弊，选择最合适的项目方式。

3.6.5　链接伪类

我们在网上浏览网页时，经常会看到这样的效果：当鼠标悬停在某个文字链接上时，文字会变成另外一种颜色，有时还伴随有下划线。其实这些都是伪类的效果。

伪类能够将不同样式关联到处于不同状态的链接，如表 3-3 所示。

表 3-3

伪类	说　　明
link	用于一般状态的链接样式
visited	用于已访问过的链接样式
active	用于当前激活的链接样式
hover	当鼠标指针悬停在链接上时的样式

这些伪类中，hover 是在实际工作中用得比较多的效果。理论上，其他元素也可以处于悬停状态，伪类与选择符之间用冒号相连，例如 a:hover{…}即为链接悬停效果。li:hover

{…}即为 li 悬停效果等。但是通常浏览器支持得最好的是链接悬停 a:hover {…},其大括号里写的样式都会在鼠标悬停到 a 链接上出现。例如：

```
a:hover {color：#F00;} /* 当鼠标悬停在链接上,链接文字变为红色 */
```

3.6.6 伪元素

伪元素就是你的文档中若有实无的元素。以下我们介绍几个最有用的伪元素。

■ first-letter

first-letter 可单独设定文本的第一个字。例如,我们对段落的第一个字进行单独设置,可以这样：

```
p:first-letter{
    font-size:30px;
    color:#F00;
    }
```

效果如下图 3－29 所示。

■ first-line

first-line 可以单独设置文本的第一行。如我们对上例中的第一行文字进行单独设置,让其以粗体方式显示,可以这样：

```
p:first-line{
    font-weight:bold;
    }
```

效果如下图 3－30 所示。

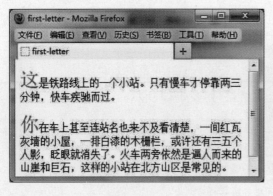

图 3－29

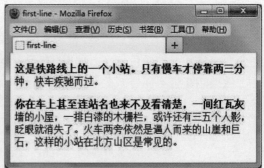

图 3－30

■ :before 和 :after 伪元素

:before 和 :after 的作用分别是在元素之前和之后配合 content 属性添加内容。

下面通过一个小例子,来了解 after 伪元素的用法：

```
结构:<p>人类与其他生物</p>
样式:
p{
     border:#000 solid 2px;
     padding:10px;
     }
p:before{
     content:"地球是";
     color:#F00;
}
p:after{
     content:"共同的家园";
     color:#F00;
     }
```

效果如下图 3-31 所示。

p 段落里只写了"人类与其他生物"几个字,而我们利用 p:before 和 p:after 配合 content属性在"人类与其他生物"前面分别添加了"地球是"和"共同的家园"几个字,并且设置为了红色。

此时我们往 p 段落里添加的文字并没有独占一行,而是和内容在同一行显示,这说明用:before 和:after 添加的内容是行元素,而不是块元素。

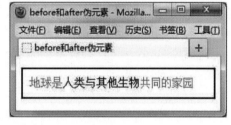

图 3-31

这两个伪元素更多时候是用来闭合浮动的。相关应用将在后面的章节介绍。

3.6.7 @font-face 和嵌入字体

字体使用是网页设计中不可或缺的一部分。网页是文字的载体,我们希望在网页中使用某一特定字体,但是如果该字体并非主流操作系统的内置字体,那么用户在浏览页面的时候就有可能看不到真实的设计。

设计师最常做的办法是把想要的文字做成图片,这样做有几个明显缺陷:

* 不可能大范围地使用该字体;
* 图片内容相对文字不易修改;
* 不利于网站 SEO。

通过 CSS 的@font-face 属性来实现在网页中嵌入字体的方法逐渐成为主流。

使用@font-face 规则可以给网页中嵌入指定的用户系统以外的字体。也就是说,使用该规则,可以让浏览器从 Web 服务器下载字体,这就意味着设计者不必再依赖用户机器中的字体,也可以确保用户能够看到我们指定的一些特殊字体。

@font-face 的语法规则:

```
@font-face {
    font-family：〈YourWebFontName〉；
    src：〈source〉［〈format〉］［,〈source〉［〈format〉］* ；
}
```

取值说明

Your Web Font Name：此值指的就是你自定义的字体名称。最好是使用你下载的默认字体,它将被引用到你的 Web 元素中的 font-family。如"font-family：″Your Web Font Name″；"；

source：此值指的是你自定义的字体的存放路径；

format：此值指的是你自定义的字体的格式,主要用来帮助浏览器识别,主要有truetype,opentype,truetype-aat,embedded-opentype,avg 等几种类型。

不同的浏览器对字体格式支持是不一致的,因此大家有必要了解一下各种版本的浏览器支持什么样的字体：

.TTF 或.OTF,适用于 Firefox 、Safari、Opera

.EOT,适用于 Internet Explorer 4.0＋

.SVG,适用于 Chrome、IPhone

.WOFF 适用于 Chrome、Firefox

这就意味着在@font-face 中我们至少需要.ttf,.eot 两种格式字体,甚至还需要.svg 等字体以得到更多种浏览版本的支持。

为了使@font-face 得到更多的浏览器支持,美国的前端工程师 Paul Irish 写了一个独特的@font-face 语法,叫 Bulletproof @font-face,语法如下：

```
@font-face {
font-family：'YourWebFontName'；
src：url('YourWebFontName.eot?') format('eot')；/* IE */
src：url('YourWebFontName.woff') format('woff'), url('YourWebFontName.ttf') format('true-type')；/* non-IE */
}
```

为了让更多的浏览器支持,你可以引入多种字体格式：

```
@font-face {
font-family：'YourWebFontName'；
src：url('YourWebFontName.eot')； /* IE9 Compat Modes */
src：url('YourWebFontName.eot? #iefix') format('embedded-opentype'), /* IE6－IE8 */
    url('YourWebFontName.woff') format('woff'), /* Modern Browsers */
    url('YourWebFontName.ttf') format('truetype'), /* Safari, Android, iOS */
    url('YourWebFontName.svg#YourWebFontName') format('svg')； /* Legacy iOS */
}
```

例如,我们需要为 h2 标签定义一个特殊的字体,实现方法如下：

第一步是指定一个字体名称和源文件,需要用到 CSS 语句中的@font-face 声明。然后就可以像使用其他字体一样使用这个新命名的字体了。一条@font-face 语句定义一个将在样式表中被广泛使用的字体名字和源文件地址。

```
@font-face{
    font-family:fzzh;
    src:url('fzzh.eot');        /* IE9 及以上兼容模式 */
    src:url('fzzh.eot? #iefix') format('embedded-opentype'),    /* 兼容 IE6-IE8 */
        url('fzzh.ttf') format('truetype');        /* 兼容 Safari,Android,iOS */
}
```

上面的"fzzh.ttf"文件是"方正正黑体"字体文件，我们通过以上语句导入，然后通过下面的规则我们就可以将这个字体应用于 h2。

```
h2{ font-family:fzzh; }
```

这里我们利用 Paul Irish 的 Bulletproof 写法引入了.eot 和.ttf 两种格式的字体文件，基本上兼容了大部分浏览器。为了保证更多浏览器的支持，你最好准备好.TTF、.EOT、.SVG、.WOFF 等几种格式，同时引入。

关于@font-face 的另外一种比较实用的用法就是使用@font-face 来定义图标字体。下面我们来认识一下图标字体。

3.6.8　如何使用图标字体

图标字体也是字体文件，用符号和字形的轮廓代替标准的文字数字式字符。它是专门为用户界面设计的，就像系统字体一样，使用 CSS@font-face 在 Web 浏览器里展示。使用图标字体来生成图标相对于基于图片的图标来说，有如下好处：

- 自由的变化大小；
- 自由的修改颜色；
- 添加阴影效果；
- IE6 也可以支持；
- 支持图片图标的其他属性，例如透明度和旋转等等。

要想使用图标字体，首先要有图标字体文件。我们以 IcoMoon（http://icomoon.io/）网站为我们提供的开源图标字体为例来讲解如何使用。

如图 3-32 是 IcoMoon 的网站部分截图。

我们在应用页面 http://icomoon.io/app/#/select 中选择我们需要的图标字体，如图 3-33 所示。我们选择了这五个我们需要用的图标字体：

选择完后，点击 Font 生成字体文件，如图 3-34 所示。

这时可以看到我们刚刚选择的几个图标字体已经生成，点击 Download 下载此文件后会得到 icomoon.zip 的压缩文件。解压后会看到里面有适合各个浏览器的字体以及 demo 演示，如图 3-35 所示。

然后，你就可以依葫芦画瓢使用这些图标形状字体了。打开 style 样式文件，我们在新建页面先使用 font-face 声明字体：

Web 标准网页制作实例教程

图 3 – 32

图 3 – 33

图 3 – 34

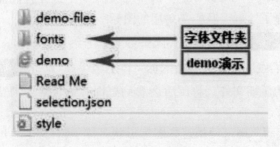

图 3 – 35

```
@font-face {
    font-family: 'icomoon';
    src: url('fonts/icomoon. eot');                            /* IE9 */
    src: url('fonts/icomoon. eot? #iefix') format('embedded-opentype'),  /* IE6—IE8 */
    url('fonts/icomoon. ttf') format('truetype'),  /* chrome、firefox、opera、Safari, Android,
iOS 4.2+ */
    url('fonts/icomoon. woff') format('woff'),              /* chrome、firefox */
    url('fonts/icomoon. svg#icomoon') format('svg');    /* iOS 4.1— */
    font-weight: normal;
    font-style: normal;
}
```

然后单独为图标字体设置 iconfont 类：

```
. iconfont{font-family:"icomoon";font-size:16px;font-style:normal;}
```

最后，在页面中使用这个字体：

```
<ul>
    <li><i class="iconfont">&#xe601;</i> <a href="#">联系我们</a></li>
    <li><i class="iconfont">&#xe602;</i> <a href="#">设为首页</a></li>
    <li><i class="iconfont">&#xe603;</i> <a href="#">收藏本站</a></li>
    <li><i class="iconfont">&#xe604;</i> <a href="#">工程案例</a></li>
    <li><i class="iconfont">&#xe605;</i> <a href="#">关于我们</a></li>
</ul>
```

这里我们采用了一对〈i〉标签来盛放字体图标。〈i〉是斜体的意思，我们可以利用样式将其显示为正常。当然你也可以用〈span〉等其他元素，其目的就是利用一个容器来盛放字体图标，然后通过样式来定义字体。这里的 &#xe601 等就是对应的图标字体的转义编码。我们将编码与应用的图标对应即可。

效果如图 3-36 所示。

图 3-36

3.7 CSS 常用数据单位

在写 CSS 的时候，最常用的长度单位是 px(像素)，经常看到的还有 em、px 等等，其实 css 中的可用单位一共有以下几个，分别是 px、em、pt、ex、pc、in、mm、cm、%。其中比较常用的单位有 px、em 和% 三个。

px:像素(Pixel)，相对于设备的长度单位，像素是相对于显示器屏幕分辨率而言的。

em:相对长度单位。它和 em 元素没有任何关系，相对于当前对象内文本的字体尺寸。1em 指一个字体的高。如当前行内文本的字体尺寸未被设置，则相对于浏览器的默认字体大小。通常，大部分浏览器的默认字体大小都是 16px，那么 1em 就是 16px。

pt:点。

ex:相对于特定字体中字母 x 的高度。

pc:12 点活字。

in:英寸。

mm:毫米。

cm:厘米。

%:百分比,给出相对于另外一个值的某个值。百分比是用父级元素做参照的,如果我们把一个元素的宽度定义为 40%,它的父元素宽度为 500px,那么此时 40% 的宽度就是 200px。

3.8 CSS 注释

CSS 注释的作用是注释 CSS 代码,使自己或他人看到某代码就知道其内容与功能,令程序的可读性更强。

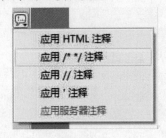

图 3-37

以 /* 开始、至 */ 结束为一段 CSS 代码注释。对于大型网站而言,注释是非常重要的一环。无论是自己阅读,还是合作开发,注释都能起到事半功倍的作用。例:

```
/* 以下是头部样式 */
# header{……}
```

同样,也可以先写好文字,然后把要注释掉的文字选中后点击软件左侧应用注释里的"应用/* */注释即可",如图 3-37 所示。

练　习

下面我们利用本章所学的知识点,来对上一章的小案例《一篇文章》进行进一步的修饰。只要将上一章的结构稍作修改,把所有的内容用一对 div 框起来,以便于我们对整个文章设置宽度,同时删除<hr />元素即可(结构在此省略)。

为了方便理解,我们给每一条样式都添加了注释,实现以上效果的样式如下:

```
body{
    background:#FFFDE4 url(html_bg.jpg) repeat-x;/* 为 body 设置背景色以及横向平铺的背
景图 */
    }
div{
    max-width:600px; min-width:400px;        /* 为 div 区块设置最大宽度以及最小宽度 */
    }
h1{
    font-family:Georgia;                      /* 设置 h1 的字体 */
    text-align:center;                        /* 设置 h1 的文本对齐方式为水平对齐 */
```

CSS禅意花园

来源：百度　发表时间：2013-12-24

1. 关于本书
2. 编辑推荐
3. 内容简介
4. 媒体推荐

关于本书

　　作者：（美）莫里，译者：陈黎夫等，于2007年人民邮电出版社出版，全书剖析"CSS禅意花园"收录的36件设计作品，这些作品围绕一个主要的设计概念展开，如文字的使用等。本书适合网站设计人员和*网站设计爱好者*阅读，更是专业网站设计师必读的经典著作。

编辑推荐

　　★Web视觉艺术设计的王者之书！

　　★作者是世界著名的网站设计师，书中的范例来自网站设计领域最著名的网站——CSS Zen Garden（CSS禅意花园）。CSS禅意花园现在已发展到包含将近150件作品的规模，这些作品来自世界各地，树立了使用CSS设计高质量网站的标准。本书将引领读者探索"CSS禅意花园"中最激动人心的36件设计作品。

　　[跟书名一样美的书，和书的内容一样出色的译者]

　　书的排版和样式挺独特，打开看以后真得非常赏心悦目，色彩、字体、版式都让人很舒服。

　　让我很佩服的是这位译者，不是简单的翻译，而是把作者很多遗漏的内容、过时的信息都补充了，这种务求完美的责任心值得大大地赞一下。——网友

内容简介

　　全书分为两个主要部分。第1章为第一部分，讨论网站"CSS禅意花园"及其最基本的主题，包含正确的标记结构和灵活性规划等。第二部分包括6章，占据了本书的大部分篇幅。每章剖析"CSS禅意花园"收录的36件设计作品，这些作品围绕一个主要的设计概念展开，如文字的使用等。通过探索36件设计作品面临的挑战和解决的问题，读者将洞悉主要的Web设计原则以及它们运用的CSS布局技巧，理解CSS设计的精髓，恰当地处理图形和字体来创建界面优美、性能优良且具有强大生命力的网站。

　　本书原版书自出版以来持续畅销，受到众多网站设计师的推荐。本书适合网站设计人员和网站设计爱好者阅读，更是专业网站设计师必读的经典著作。

媒体推荐

　　本书是我读过的同类图书里唯一带有设计理念的CSS书籍，它在内容上倾重于趋于完美的理念的web页面，然后告诉你如何应用CSS来布局。作者向我们传达了"设计理念"为主，"技术"为辅的网页设计思路。书中有很多难以描绘的巧妙设计思路，使得设计效果富有生命力，这种生命力不是用技术来实现的，而是完整的由作者的脑海中传达给读者，告诉读者他思考的设计理念。比如我看了第二章的设计方面，作者点拨贝壳，因为贝壳藏身海底，设计者在贝壳上点缀了些海洋镶边，这个效果看起来相当舒服，富有层次感。真是让我受益匪浅。

　　就我个人感觉来说，这本书绝对是web设计领域的经典之作。妙就妙在不是教你如何设计，而是引导你的设计理念，没有理念，再高的技术做出来的东西也不过如此。一个人的能力是多方面的，技术只不过是其中的一环！绚丽的效果并不代表一切，就好像能做漂亮衣服的裁缝不一定会去穿着和搭配服饰。在设计领域内，设计理念永远走在技术前面。

　　——中国最大IT技术社区CSDN网站 首席网页设计师 武悦

图 3-38

```
        color：#26606d；                    /＊设置 h1 的颜色＊/
    }
span{
    font-size：12px；                        /＊设置 span 的字体大小＊/
    color：#497f35；                         /＊设置 span 的文字颜色＊/
    font-family：Arial；                      /＊设置 span 的字体＊/
    display：block；                          /＊将 span 转成块级元素＊/
    border-top：#d3d0a7 solid 1px；           /＊设置 span 的上边框＊/
border-bottom：#d3d0a7 solid 1px；           /＊设置 span 的下边框＊/
    text-align：center；                      /＊设置 span 里的文本对齐为水平对齐＊/
    }
ol{ width：200px；                           /＊设置 ol 的宽度为 200 像素＊/}
li{   border-bottom：#999 dashed 1px；        /＊设置 li 的下边框为灰色虚线＊/}
a{
    text-decoration：none；                  /＊设置链接 a 的文本修饰为无修饰＊/
    font-size：12px；                         /＊设置链接 a 的文字大小为 12 像素＊/
    color：#990000；                         /＊设置链接 a 的文字颜色＊/
    line-height：30px；                       /＊设置链接 a 的行高为 30 像素＊/
    }
a：hover{
    text-decoration：underline；              /＊设置链接 a 的鼠标悬停时为显示下划线＊/
    color：#F00；                            /＊设置链接 a 的鼠标悬停时的文字颜色为红色＊/
    }
h2：first-letter{
    font-size：26px；                         /＊设置 h2 标题的第一个字为 26 像素＊/
    }
p{
    text-indent：2em；                        /＊设置段落 p 的文本首行缩进为 2 个字符＊/
    line-height：20px；                       /＊设置段落 p 的行高为 20 像素＊/
    font-size：12px；                         /＊设置段落 p 的文字大小为 12 像素＊/
    color：#a17f32；                         /＊设置段落 p 的颜色＊/
    }
```

当我们设置完成后,保存并预览便会看到如图 3-38 的效果。

本章我们利用所学的一些 CSS 样式对 HTML 进行了一些简单的修饰。为页面添加了背景,为 h1、p、a 等一些 HTML 标签设置了相应的对齐方式、字体大小、文字样色等一系列设置,通过 CSS 样式,改变了页面的外观。

第 4 章　CSS 选择符

选择符也叫选择器,是 CSS 中很重要的概念。网页中的诸多元素与区块都可以通过不同的选择符进行控制,并赋予各种 CSS 属性。本章我们将学习常用选择符的应用,重点学习 CLASS 类型选择符与 ID 选择符的用法。

4.1　标签选择符

标签选择符是指 HTML 中的以固有标签作为名称的选择符。body、a、div、p 等都是网页中的标签。我们要对这些标签元素进行 CSS 设置,可以这样:

```
body{}
a{}
div{}
p{}
```

4.2　包含选择符

包含选择符,顾名思义,指元素具有包含关系。对象之间用空格隔开。例如,p 和 span 里各有一个 a 链接,我们想对 p 和 span 里的 a 设置不同的文字颜色,可以这样写:

```
p a{ color:red;}
span a{ color:green;}
```

包含选择符并不只限用于两层元素,也可以是多级包含。例如:
body div ul li a{}
为了代码清晰,一般不提倡这样使用包含选择符。

4.3　选择符的群组

群组选择符是指把相同定义的标签写到一起,每个选择符之间用逗号隔开。就像这样:
```
h1,h2,h3,h4,span{ font-size:14px;}
```
这样做的好处是相同样式的标签只需写一次即可,避免了大量的重复定义。

4.4　id 选择符

id 选择符是选择以 id 为属性的元素,是唯一性的选择符。写 id 样式时,在 id 名字前面加"#"。如我们为页面中的某个 div 起了一个 id 名为 header,可以这样写:

```
<div id="header"></div>
```

那么为这个 div 写样式时,在 id 名前以"#"号开始:

```
#header{}
```

一个 id 名只能用一次,对页面区域进行标识的时候就可以用 id 标识。如:

```
<div id="header"></div>                header 头
<div id="nav"></div>                   nav 导航
<div id="main"></div>                  main 主体
<div id="footer"></div>                footer 底部
```

4.5　class 选择符

class 选择符是选择以 class 为属性的元素,是多重选择符,直译为类或种类。

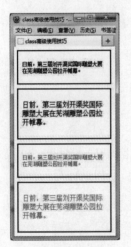

id 是对单独元素的标识,而 class 是对一类元素的标识。

class 选择符前面用点号(.)标识。例如选择 class 名为 newsList的 div 设置样式代码如下:

```
.newsList{ color:red;}
<div class="newsList"></div>
```

class 作为一种专门进行样式定义的属性,不同于 id,除了可以让多个元素同时使用一个 class 名称之外,还可以让同一个元素使用多个 class 样式。使用方法是在 class 定义时,用空格来分隔多个样式名称。

假设我们要设置四个为黑色边框的区块以及里面的文字的样式,效果如图 4-1 所示。

图 4-1　　　　方案一:

```
.box1{ border:#000 solid 2px; padding:10px; width:200px; margin-bottom:10px; font-size:12px;}
.box2{ border:#000 solid 2px; padding:10px; width:200px; margin-bottom:10px; font-size:16px;}
.box3{border:#000 solid 2px; padding:10px; width:200px; margin-bottom:10px; font-size:12px; color:red;}
.box4{ border:#000 solid 2px; padding:10px; width:200px; font-size:16px; color:red;}

<div class="box1">日前,第三届刘开渠奖国际雕塑大展在芜湖雕塑公园拉开帷幕。</div>
<div class="box2">日前,第三届刘开渠奖国际雕塑大展在芜湖雕塑公园拉开帷幕。</div>
<div class="box3">日前,第三届刘开渠奖国际雕塑大展在芜湖雕塑公园拉开帷幕。</div>
<div class="box4">日前,第三届刘开渠奖国际雕塑大展在芜湖雕塑公园拉开帷幕。</div>
```

本方案虽然实现了我们的效果,但是代码非常冗余,要分别给区块起四个 class 名字,同

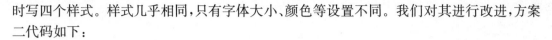

时写四个样式。样式几乎相同,只有字体大小、颜色等设置不同。我们对其进行改进,方案二代码如下:

```
. box{ border:#000 solid 2px; padding:10px; width:200px;}
. f12{ font-size:12px;}
. f16{ font-size:16px;}
. red{ color:#F00;}
. mb{ margin-bottom:10px;}
```

〈div class="box f12 mb"〉日前,第三届刘开渠奖国际雕塑大展在芜湖雕塑公园拉开帷幕。〈/div〉
〈div class="box f16 mb"〉日前,第三届刘开渠奖国际雕塑大展在芜湖雕塑公园拉开帷幕。〈/div〉
〈div class="box f12 red mb"〉日前,第三届刘开渠奖国际雕塑大展在芜湖雕塑公园拉开帷幕。〈/div〉
〈div class="box f16 red"〉日前,第三届刘开渠奖国际雕塑大展在芜湖雕塑公园拉开帷幕。〈/div〉

通过本方案,实现了同样的效果,但是样式代码却精简了不少。我们将样式拆分成了容易变化的部分和相对稳定的部分,将容易变化的部分独立出来,每一种变化定义成一个单独的类,相对稳定的部分设置成一个主体类。这样,代码中共同的部分我们定义成了统一的类 box,而不同的部分我们定义了.f12、.f16、.red、.mb 几个类,通过类的组合,实现了相同的效果。

这样一来,我们能够更好地重复使用 css 定义,可以根据不同情况,对 class 进行组合。而 id 则不行,一个 id 只能是唯一的一个名字。

4.6　id 与 class 何时用

id 具有唯一性,应该尽量在外围使用。例如页面中的 LOGO 图片部分,一般在网页顶部只出现一次,因此对 LOGO 图片的样式定义可以用 id。在编写 CSS 代码时,通常需要考虑页面的视觉结构和代码结构,HTML 代码部分也需要对每个部分进行有意义的标识,这时利用 id 通常是较好的选择。例如我们之前对页面某个区域进行的标识,有助于 HTML 结构的可读性。

class 具有可重复性,应该尽量在结构内部使用。这样做的好处是有利于网站代码的后期维护与修改。

4.7　子选择符

子选择符选择的是某元素的直接子元素。例如,我们选择 body 里的直接子元素 p,html结构如下:

```
〈body〉
〈p〉这是铁路线上的一个小站。只有慢车才停靠两三分钟,快车疾驰而过。〈/p〉
〈div〉〈p〉你在车上甚至连站名也来不及看清楚,一间红瓦灰墙的小屋,一排白漆的木栅栏,或许还有三五个人影,眨眼就消失了。火车两旁依然是逼人而来的山崖和巨石,这样的小站在北方山区是常见的。〈/p〉〈/div〉
〈/body〉
```

CSS 代码如下：

```
body>p{ color:#f00;}
```

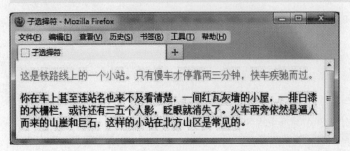

图 4-2

浏览效果如图 4-2 所示。

我们发现只有第一个段落变成了红色，而第二个段落没有变化。这是因为第二个段落不是 body 的直接子元素而是孙元素，它跟 body 的关系是 body>div>p。因此只有第一个段落符合条件。

4.8　相邻选择符

相邻选择符可以选定某元素的相邻元素。例如，如果希望为所有二级标题 h2 元素后的第一个段落指定不同的样式，可以使用该选择器。样式代码如下所示：

```
h2+p{}
```

4.9　通配符 *

通配符 * 代表页面上的所有元素，作用于页面上每一个元素。例如：

```
* { color:red; }
```

页面上所有内容都会匹配到。

* 选择符也可以在子选择器中使用。

```
#content * { border: 1px solid red;}
```

上面的代码会应用于 id 为 content 元素的所有子元素中。

4.10　命名注意事项

关于元素的命名，请记住一条重要原则：不要通过视觉外观来给元素命名，而应该按功能给元素命名。

最常见的错误就是利用方位或者外观来命名，例如将左边的内容区块命名成 left，右边的侧栏区块命名成 right。这样的命名会给后面的工作带来很多不必要的麻烦，因为这些都是易变因素。我们将全部样式写好后，结果产品经理觉得，左右两边的内容调换一下位置可能更好。这时 left、right 就完全表达了相反的意思。

现在我们换一种思路，把表达内容的区块改成 content，把右边的侧栏区块改成 sidebar。这样一来，无论这两个区块怎么互换位置，都能很清楚地表达他们的含义。

4.11　驼峰命名法

在起 class 或 id 名的时，如果需要组合命名，建议大家采用驼峰命名法。就是除了第一个单词以外的所有单词首字母大写，例如 imgList（图片列表）、mainNav（主导航）。这样写的好处是一眼便知命名的具体含义。命名时，不要以数字开头，因为并不是所有的浏览器都识别以数字开头的命名。

4.12　常用命名规范

头：header	子菜单：submenu	按钮：btn
内容：content	搜索：search	当前的：current
尾：footer	友情链接：friendlink	小技巧：tips
导航：nav	页脚：footer	图标：icon
侧栏：sidebar	版权：copyright	注释：note
最外层容器：wrapper	滚动：scroll	指南：guild
左右中：left right center	内容：content	服务：service
广告：banner	标签页：tab	热点：hot
页面主体：main	文章列表：list	投票：vote
热点：hot	提示信息：msg	合作伙伴：partner
新闻：news	注册：register	搜索：search
下载：download	投票：vote	推荐：recommend
子导航：subnav	合作伙伴：partner	栏目：column
菜单：menu	状态：status	下拉：drop

以上列出了部分常用的命名规范，对于网站中各部分的命名，应当使用较贴近其实际用义的英文单词进行命名。良好的命名习惯对于一个 Web 标准网站的开发来说事半功倍，好的 HTML 命名方式能够让 SEO 更好地搜索到关键字，从而提升网络访问的流量和站点的知名度。

第5章 CSS 布局

从本章开始,我们将学习利用 CSS 来进行页面布局。浮动布局是各种布局的基础,再复杂的网站布局大部分也都是基于浮动的布局模式。如果我们学好浮动,就可以演变出无限可能的布局。在开始学习布局相关知识之前,我们还得先理解 margin 与 padding。

5.1 理解 margin 与 padding

理解 margin 与 padding 对于网站的布局以及样式的调整具有非常重要的作用。二者都是边距的定义,margin 是外边距,padding 是内间距。

5.1.1 margin

margin 简单理解就是外边距,指的是元素块距离父层或者其他元素的距离,包括 margin-top 上边距,margin-right 右边距,margin-bottom 下边距,margin-left 左边距。

实际应用中经常会用到简写方式,其表示方式有四种:

(1)后面只写一个数值时,代表四周的外边距。如:margin:10px;代表上下左右的外边距都为 10px。

(2)后面写两个数值时,第一个数代表上下,第二个数代表左右,中间用空格隔开。如:margin:10px 20px;表示上下外边距为 10px,左右外边距为 20px。

值得注意的是,如果左右我们设置为 auto,如:margin:10px auto;,则可以设置区块居中显示。auto 代表自动,上下为 10px,左右自动分配,也就产生了居中的效果。

(3)后面写三个数值时,第一个数值代表上,第二个代表左右,第三个代表下。如:margin:10px 20px 5px;代表上为 10px,左右为 20px,下为 5px。

(4)后面写四个数值时,则分别代表上右下左。如:margin:10px 20px 5px 30px;代表上为 10px,右为 20px,下为 5px,左为 30px。

5.1.2 padding

padding 简单理解就是内间距,指的是元素块的内部距离,也就是边框和内容之间的距离,包括 padding-top 上间距,padding-right 右间距,padding-bottom 下间距,padding-left 左间距。

实际应用中经常会用到简写方式,表示方式也有四种,其用法和 margin 完全一样。

(1)后面只写一个数值时,代表四周的内间距。如:padding:10px;代表上下左右内间距都为 10px。

(2)后面写两个数值时,第一个数代表上下,第二个数代表左右。如:padding:10px 20px;代表上下内间距为 10px。左右内间距为 20px。

(3)后面写三个数值时,第一个数值代表上,第二个代表左右,第三个代表下。如:

padding:10px 20px 5px;代表上为 10px,左右为 20px,下为 5px。

(4)后面写四个数值时,则分别代表上右下左。如:padding:10px 20px 5px 30px;代表上、右、下、左分别为 10px、20px、5px、30px。

5.1.3 盒模型

在了解了 margin 与 padding 之后,我们就可以理解一个概念盒模型。页面中所有的元素都可以看成是一个区块或者说是盒子。而这些区块在页面中所占据的空间通常比实际看到的内容要大。

盒模型由内容、边框、marign 与 padding 组成,如图 5-1 所示。

倘若将盒子模型比作展览馆里展出的一幅幅画,那么 content 就是画面本身,padding 就是画与画框之间的留白,border 就是画框,而 margin 就是画与画之间的距离。下面看一个例子,代码如下:

```
p{background:#CCC; width:120px; }
<p>这里是一个段落用来测试效果</p>
```

显示效果如图 5-2 所示。

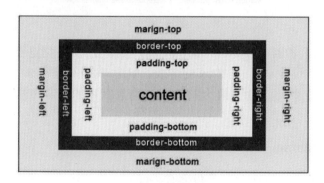

图 5-1 盒子模型   图 5-2

通过给段落设置宽度和背景颜色,我们可以很清楚地看到段落的范围。此时段落的宽度为 120px,如图 5-2 所示。我们发现段落并没有紧贴着浏览器的边缘,而是上面空得多一点,左面空得少一点。这其实是默认的距离,下面我们先给 p 段落设置内间距 padding。

```
p{
    background:#CCC;
    width:120px;
    padding:10px;
}
```

我们给 p 增加样式 padding:10px;发现 p 段落的上下左右都空出了 10 像素的距离,但是注意,这时候整个 p 段落的宽度由原来的 120px 增加到了 140px,如图 5-3 所示。这说明 padding 的值增加到了宽度里面。这时候如果我们还想保持 p 段落 120 的宽度不变的话,就要减去 padding 左右增加的值。左右各增加了 10px,因此我们可以设置 p 的宽度为 100px,这样才能保证 p 段落增加 padding:10px 后的宽仍是 120px。

下面再设置下 p 段落的外距离 margin。我们给 p 增加样式：

```
p{
    background:#CCC;
    width:120px;
    padding:10px;
    margin:20px;
    }
```

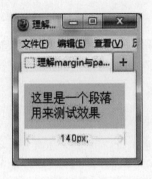

图 5 - 3

图 5 - 4

效果如上图 5 - 4 所示。这时，我们看到 p 段落的外面的距离产生了变化，离浏览器的边缘变远了一点，这就是我们给 p 段落设置 margin:20px 的结果。但是，我们发现 p 的左边离浏览器的左边并不是 20 像素，而是 28px。这是因为有些元素会有默认的内距离和外距离。

5.1.4 默认的 margin 与 padding

许多元素都有自己默认的 margin 与 padding 值，你可能看到过别人的样式表中的第一句话就是：

```
*{ margin:0;padding:0;}
```

这么做的目的就是把所有元素的内外边距都定义为 0，当某个元素需要时再单独定义。我们可以利用通配符 * 来将所有元素的默认 margin 与 padding 全部清零。

5.1.5 上下 margin 叠加问题

当两个对象为上下关系，且都具备 margin 属性的时候，由 margin 造成的外边距将出现叠加现象。例如：

```
#a{width:100px; height:100px; background-color:red; border:5px solid #000000; margin:
10px; }
#b{width:100px; height:100px; background-color:green; border:5px solid #000000; margin:
10px; }
```

也许你会认为，由于 a 对象有下边距 10px，b 对象有上边距 10px，因此它们的上下距离是 20px。而实际上，它们的上下边距都是 10px，如图 5 - 5 所示。

空白叠加时,以较大的 margin 值为准。比如,我们将 a 的 margin 改为 30px,则 a 与 b 的上下间距将变为 30px。

对于 css 的解释规则而言,一旦对某个元素设定了 float 属性(float 属性我们将在后面介绍),那么将不再进行空白边叠加。例如:

#a{width:100px; height:100px; background-color:red; border:5px solid #000000; margin:10px;**float:left;**}

#b{width:100px; height:100px; background-color:green; border:5px solid #000000; margin:10px;**float:left;clear:left;**}

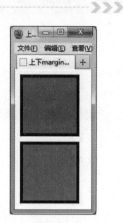

图 5 - 5

如图 5 - 6 所示,为了看得方便我们在 SuperPreview 中同时打开 IE6 和 IE8 视图并预览效果。可以看到,a 和 b 的间距被拉大,变成了符合盒子模型的 20px 间距。而从图 5 - 6 中的左边的视图 IE6 中的显示效果发现,a 和 b 的左边距也变成了 20px,这就是 IE6 的另一个盒模型问题——外边距加倍。我们可以通过设置对象的 display:inline;来解决此问题。

继续修改样式,为两个区块都添加 display:inline 属性:

#a{width:100px; height:100px; background-color:red; border:5px solid #000000; margin:10px; float:left; **display:inline;** }

#b{width:100px; height:100px; background-color:green; border:5px solid #000000; margin:10px; float:left; clear:left; **display:inline;** }

我们在 SuperPreview 中预览,效果如图 5 - 7 所示。

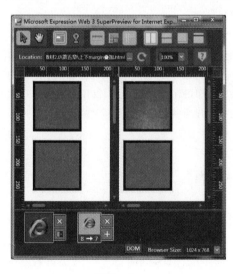

图 5 - 6

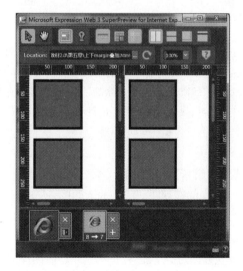

图 5 - 7

可以发现 IE6 的外边距加倍问题解决了。

为什么 display:inline 可以解决 IE6 的双边距 bug 呢? 首先,inline 元素是不存在双边距问题的。其次,float:left 等浮动属性可以让 inline 元素拥有布局,会让 inline 元素表现出块元素的特性:支持高宽、垂直 margin 和 padding 等。所以我们通过 display inline 属性很好地解决了这个问题。

5.2　文　档　流

文档流是浏览器解析网页的一个重要概念。对于一个 html 网页，body 元素下的任意元素根据其前后顺序，组成了一个个上下关系，这便是文档流。

5.3　浮动 float

所谓浮动定位，就是打破默认的按照文档流自上而下结构顺序的显示规则，使其按照我们的布局要求进行显示的一种定位方式。浮动的元素会脱离原来的文档流。简单理解就是利用 css 里的 float 属性来"摆"区块的位置。

float 属性的 left 和 right 值分别能够让对象向左浮动或者向右浮动。比如，当对象向左浮动后，对象的右侧将清空出一块区域来，以便让剩下的文档流能够贴在右侧。

float 是控制元素浮动的方向，取值有：

none：对象不浮动　　　 left：对象浮在左边　　　 right：对象浮在右边

在设置了元素向左或向右浮动后，元素会向其父元素的左侧或右侧靠紧。接下来，做一个小练习，让大家初步理解 float 的含义。

图文混排案例

本案例的结构如下：

```
〈div id="box"〉
〈img src="yg.jpg"/〉
〈p〉《阳光灿烂的日子》无疑是 90 年代中国影界的意外之喜。王朔的黑色幽默，夏雨宁静等演员略
显稚拙但决不生涩的演绎，还有导演姜文初次执导的灵气与创劲儿综合之后，讲述的那段新中国初期一
群北京孩子的成长历程，给观众的，决不仅仅是一种无所事事的闲聊调侃，也不仅仅是对特殊年代的追
忆与讽讯。当观众深深的为影片打动时，就会发现，这部影片所展现的竟是一个意象丰富、意味深长的
"社会—个人""文化—心理"图景。〈/p〉
〈/div〉
```

【代码解析】　我们用一个 div 区块将图片和段落包含起来，就是为了方便控制。在没有任何样式的情况下，默认显示如图 5-8 所示。

我们发现，文档就是按照你写的先后顺序自上而下显示，图片在上，段落在下，这正是文档流的显示规则。

要实现文字环绕图片的效果，只需给图片添加浮动样式，同时为 div 区块设置一个边框和宽度，以便于我们看清楚其范围大小。样式代码如下：

```
#box{ border:#000 solid 3px; width:360px;}
#box img{ float:left;}
```

此时效果如图 5-9 所示。

我们发现给图片 img 设置 float：left；即可实现文字环绕图片的效果。但是，浮动也会带来一些副作用，看下面的例子。

图 5 - 8　　　　　　　　　　　　　图 5 - 9

5.4　浮动带来的影响

从上例可以看出,浮动的元素会对其后面的元素有影响。本来图片后面的段落是在图片下面的,当图片设置了左浮动后,文字自动跑到了图片的右侧,占满了右侧的空间。这种影响有时候是我们需要的,有时候则是要想办法来清除的。

我们在段落后面再加一段新闻列表,并且将段落的文字减少一些,看看效果是怎样。
HTML 代码如下:

```
〈div id="box"〉
〈img src="yg. jpg"/〉
〈p〉《阳光灿烂的日子》无疑是九十年代中国影界的意外之喜。王朔的黑色幽默,夏雨宁静等演员略显稚拙但决不生涩的演绎,还有导演姜文初次执导的灵气与创劲儿综合之后,讲述的那段新中国初期一群北京孩子的成长历程〈/p〉
〈ul〉
    〈li〉〈a href="#"〉古伦木,欧巴!〈/a〉〈/li〉
    〈li〉〈a href="#"〉笑话,我等什么?〈/a〉〈/li〉
    〈li〉〈a href="#"〉难道你还要找人打我吗?〈/a〉〈/li〉
    〈li〉〈a href="#"〉你要扎我的自行车胎吗?〈/a〉〈/li〉
    〈li〉〈a href="#"〉在我的记忆里似乎永远是夏天。〈/a〉〈/li〉
〈/ul〉
〈/div〉
```

得到效果如图 5 - 10 所示。

我们发现,列表的第一条也跑到了图片的右侧,这说明 ul 列表也跟着上面的段落左浮动了。我们想要的效果是整个列表在图片的下方,那么该如何处理呢?

浮动的清理（clear）

我们可以通过 clear 属性来拒绝 ul 的浮动。

clear：left | right | both

参数：

left：清除向左的浮动

right：清除向右的浮动

both：清除两端的浮动

由于图片的左浮动，对段落产生了影响，进而又对段落后面的 ul 产生了影响，使 ul 也跟着段落一起左浮动了起来。我们对 ul 设置属性 clear：left；，清除 ul 向左的浮动。CSS 样式如下：

```
#box{ border:#000 solid 3px; width:360px;}
#box img{ float:left; margin-right:20px;}
#box ul{ clear:left;}
```

得到效果如图 5 - 11 所示。

图 5 - 10

图 5 - 11

在实际工作中，直接写 clear：both；即可。就是不管上一个元素是左浮动还是右浮动，直接清除两端的浮动。

通常，我们会将"清除浮动"单独定义一个 CSS 样式，如：

```
.clear {clear:both;}
```

用一对类名为 clear 的空 div 标签〈div class="clear"〉〈/div〉来专门进行"清除浮动"。将〈div class="clear"〉〈/div〉放在需要清除浮动的地方即可。

例如，我们在上个例子的 p 段落后面加上〈div class="clear"〉〈/div〉。

```
〈div id="box"〉
〈img src="daisi.jpg"/〉
〈p〉《阳光灿烂的日子》无疑是 90 年代中国影界的意外之喜。王朔的黑色幽默,夏雨宁静等演员略
显稚拙但决不生涩的演绎,还有导演姜文初次执导的灵气与创劲儿综合之后,讲述的那段新中国初期一
群北京孩子的成长历程〈/p〉
〈div class="clear"〉〈/div〉
〈ul〉
　　　〈li〉〈a href="#"〉古伦木,欧巴!〈/a〉〈/li〉
　　　〈li〉〈a href="#"〉笑话,我等什么?〈/a〉〈/li〉
　　　〈li〉〈a href="#"〉难道你还要找人打我吗?〈/a〉〈/li〉
　　　〈li〉〈a href="#"〉你要扎我的自行车胎吗?〈/a〉〈/li〉
　　　〈li〉〈a href="#"〉在我的记忆里似乎永远是夏天。〈/a〉〈/li〉
〈/ul〉
〈/div〉
```

为 clear 类添加清除两端浮动样式:

```
.clear{ clear:both;}
#box{ border:#000 solid 3px; width:360px;}
#box img{ float:left; margin-right:20px;}
```

这样也会实现清除浮动的效果。好处是通俗易懂,容易掌握。缺点是会添加许多无意义的空标签。那么有没有更好的办法呢? 接下来我们看下面几个例子,来深入理解浮动。

5.5　深入理解浮动

下面我们通过一个小例子来深入理解浮动。在一个宽度为 300 像素、边框为黑色 3 像素的区块里面包含两个方块,一个红色#f00,一个蓝色#39f。将红色方块宽度和高度设置为 100 像素,蓝色方块宽高设置为 120 像素。代码如下:

```
#boxMain{
border:#000 solid 3px;
width:300px;
　　　}
#box1{
　　　width:100px;
　　　height:100px;
　　　background:#F00;
　　　}
#box2{
　　　width:120px;
　　　height:120px;
　　　background:#39F;
　　　}
```

```
<div id="boxMain">
    <div id="box1"></div>
    <div id="box2"></div>
</div>
```

此时页面效果如下图 5 - 12 所示。

大家应该注意到了,虽然红色方块的宽度并不是 100%,但是蓝色并未和红色处于同一行。块元素会占整行,这就是块元素的特点。

如果想让红色和蓝色方块都处在一行,此时就需要利用 float。只需要在红色方块的 CSS 里面加上"float:left;"。

```
#box1{
    width:100px;
    height:100px;
    background:#F00;
    float:left;
}
```

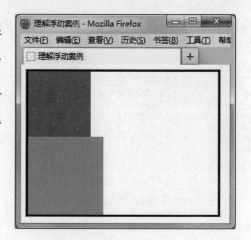

图 5 - 12

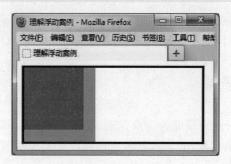

图 5 - 13

这时候在浏览器中可以看到,蓝色方块虽然和红色区块处于一行,但是却跑到了红色方块的后面。如图 5 - 13 所示。

这时候就需要注意,如果前面的区域浮动了,后面的区域很有可能会受到影响,从而和前面的区域发生重叠并错位。

解决这个浏览器兼容的问题很容易,只需要在蓝色方块的 CSS 代码中也加入"float:left;",问题就解决了。我们给蓝色 #box2 添加 float 属性:

```
#box2{
    width:120px;
    height:120px;
    background:#39F;
    float:left;
}
```

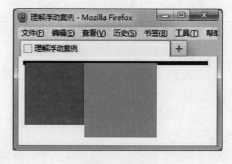

图 5 - 14

效果如下图 5 - 14 所示。

虽然红色区块和蓝色区块处于同一行,但新的问题又出现了。本来能包裹住两个区块的父元素 boxMain,现在向上塌陷,高度变成了 0,就像是 boxMain 认为里面没东西了一样。因为浮动的元素会脱离文档流,所以其父元素也看不到它了,自然也不会包住它。

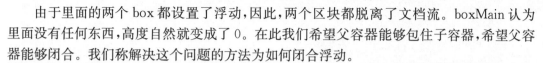

由于里面的两个 box 都设置了浮动,因此,两个区块都脱离了文档流。boxMain 认为里面没有任何东西,高度自然就变成了 0。在此我们希望父容器能够包住子容器,希望父容器能够闭合。我们称解决这个问题的方法为如何闭合浮动。

当然,我们可以在需要清除浮动的地方添加〈div class="clear"〉〈/div〉来解决这个问题。但是,这会给结构添加许多无意义的空标签。

那么有没有更好的解决办法呢? 下面,我们来学习闭合浮动的几种方法。

5.5.1　方法一:为父元素添加 overflow:hidden

overflow:hidden 声明的常见作用是防止包含元素被超大内容撑大。应用 overflow:hidden 之后,父元素依然保持其设定的宽度,而超出的子元素则会被容器剪切掉。除此之外,overflow:hidden 还能可靠地迫使父元素包含其浮动的子元素。

我们给上例中的父元素 boxMain 添加 overflow:hidden 属性:

```
#boxMain{
border:#000 solid 3px;
width:300px;
overflow:hidden;
}
```

图 5 - 15

得到效果如图 5 - 15 所示,父容器包住了子容器,闭合了浮动。

5.5.2　方法二:为父元素添加 display:inline-block

在第二章我们讲了 block(块对象)与 in-line(行对象),它们可以通过 display 属性来互相转换。这里我们还有一种比较常用的属性需要了解:inline-block(行级块元素)。

display:inline-block;(转化为行级块元素)

display:inline-block;将对象呈递为内联对象,但是对象的内容作为块对象呈递,旁边的内联对象会被呈递在同一行内。它拥有块元素的特点,可以设置宽高,但是却不独占一行,其宽度取决于内部内容的多少。它可以和其他行内元素排列在同一行。它集块元素和行元素的特点于一身,是一个非常有用的类型。

我们将上例中 #boxMain 样式里的 overflow:hidden;改为 display:inline-block;

```
#boxMain{
    width:300px;
    border:#000 solid 5px;
    display:inline-block;
}
```

同样,利用 display:inline-block;也可以闭合浮动。效果如图 5 - 16 所示。

如果 #boxMain 没有宽度会是怎样呢? 我们将 #boxMain 里的宽度删除:

```
#boxMain{
    width:300px;              /*删除此句*/
    border:#000 solid 5px;
    display:inline-block;
}
```

在没有给父容器设置宽度时,子容器左右浮动后显示效果如图 5-17 所示。

图 5-16

图 5-17

可以发现父容器的宽度自动缩到了仅能包裹住两个区块的宽度,就像 inline 行元素一样。因此,当父容器设置了宽度时,利用 display:inline-block;也是比较好的选择。

5.5.3 方法三:同时浮动父元素

第三种方法是让父元素也浮动起来。我们将 #boxMain 的代码改成:

```
#boxMain{
    border:#000 solid 5px;
    float:left;
}
```

如图 5-18 所示,我们发现,浮动 boxMain 以后,其子元素也会被紧紧地包围(又称收缩包裹)住。但是这种方法也会带来一些负面的影响:整体 boxMain 也浮动了,如果 boxMain 后面还有其他元素的话,那么其他元素也会受到 boxMain 的影响。

5.5.4 方法四:利用 after 伪元素闭合浮动

图 5-18

综合比较,利用 after 伪元素来闭合浮动是比较好的解决方案。

此方法的思路就是利用 after 伪元素在结构不变的情况下往结构里面添加内容。

我们利用:after 伪元素来给 #boxMain 添加样式:

```
#boxMain:after{
    content:"";
    clear:both;
    display:block;            /*将行元素转换成块元素*/
}
```

得到效果如图5-19所示,问题完美解决了。

图 5-19

这种方法的思路是,给需要闭合浮动的区块添加一个空的内容 content:"";,然后再设置这个地方的内容清除两端浮动 clear:both;,最后还要将这个利用 content 属性添加的空内容转化为区块 display:block;。这样就完美实现了在不添加额外内容的情况下闭合浮动。

在实际工作中,我们通常单独定义一个 clearfix 类,代码如下:

```
.clearfix:after{
    content:"";
    clear:both;
    display:block;
    }
.clearfix { *zoom:1; }          /*触发 IE 的 layout*/
```

相关链接:

"Layout"是 IE/Win 的专有概念,它决定了元素如何对其内容进行定位和尺寸计算,与其他元素的关系和相互作用,以及对应用还有使用者的影响。IE 中有很多奇怪的渲染问题可以通过触发其"layout"得到解决。比较经典的 bug 就是设置 border 的时候。有时 border 会断开,刷新页面或者滚动滚动条时,断的部分又会自动连起来。这些问题都可以通过 *zoom:1;触发 IE 的 Layout 来解决。

在需要闭合浮动的父容器区块上添加一个 clearfix 类即可。例如,给 main 区块添加一个 class 类:

```
<div id="main" class="clearfix"></div>
```

然后在样式代码中添加这个类 clearfix 的样式代码:

```
.clearfix:after{content:""; clear:both; display:block;}
.clearfix { *zoom:1; }
```

此方法最大的好处就是通用性,由于在样式中我们创建了 clearfix 类的样式,那么我们在页面中其他需要闭合浮动的地方,直接添加 clearfix 类即可。

练习——三行两列布局

下面我们做一个比较经典的三行两列布局练习,本例的布局结构如图5-20所示。

HTML 结构如下:

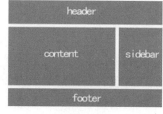

图 5-20

```
<div id="wrapper">
    <div id="header">页头部分</div>
    <div id="main">
        <div id="content">主体内容部分</div>
        <div id="sidebar">主体侧栏部分</div>
    </div>
    <div id="footer">页底部分</div>
</div>
```

本结构是由一个 id 为 wrapper 的〈div〉把所有的内容包起来。在 wrapper 里面，有 header、main、footer 三个区块，把页面分成三个部分。在中间的 main 这个区块里面，我们又创建了 content 和 sidebar 两个区块。这就是我们布局的基本结构。

下面开始逐步写样式代码，在样式代码的一开始，我们需要将页面的所有元素的内外边距清零。由于是在需要闭合浮动的元素上采用 after 伪元素的方法来闭合浮动，因此，在样式的一开始我们先写下如下代码：

```
* { margin:0; padding:0;}
.clearfix:after{ content:""; clear:both; display:block;}
.clearfix{ *zoom:1;}
```

首先，我们将最外层的 wrapper 区块的边框显示出来，并设置其宽度为 500px;。

```
#wrapper{ border: #000 solid 3px; width:500px;}
```

效果如图 5-21 所示。

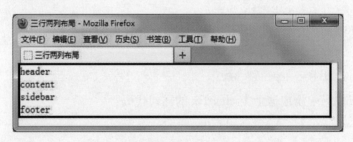

图 5-21

接着设置 header 区块的高度及背景色。设置背景色的目的只是为了直观显示区块的范围，在项目完成后需要将边框注释掉或删除掉。

```
#header{
    height:70px;
    background: #F90;
}
```

得到如图 5-22 所示效果。

在这里我们只给 header 区块设置了高度，并没有设置宽度，为什么呢？请回顾一下第二章所讲的内容——块元素与行元素的区别。块元素的特点是独占整行。div 是块级元素，因此它的默认宽度是 100%，会自动扩展到与父元素同宽。

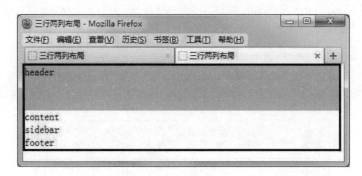

图 5 – 22

不要轻易给子元素设置宽度，否则会起到副作用。即使必须设定栏宽，也不要给包含在其中的内容元素设定宽度，应该让这些内容元素自动扩展到填满栏的宽度。这是块级元素的默认行为。简言之，就是让栏宽限制其中内容元素的宽度。

接着，给 main(主体栏)设置一个紫色的边框。设置边框的目的是为了后面的讲解。

然后给 content(内容栏)和 sidebar(侧栏)设置宽高及背景色，同时也将 footer 的高度及背景色设置一下。代码如下：

```
#main{ border:#F0F solid 2px;}
#content{ width:340px; height:200px; background:#F90; }
#sidebar{ width:150px; height:200px; background:#F90; }
#footer{ height:50px; background:#0FF;}
```

目前的效果如图 5 – 23 所示。

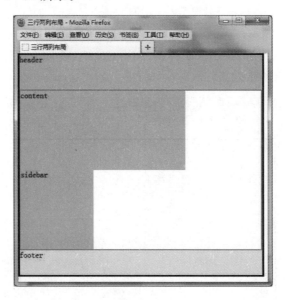

图 5 – 23

此时要让 content(内容栏)和 sidebar(侧栏)左右分布。我们分别设置它们为左浮动和右浮动。

#content{ width:340px; height:200px; background:#900; **float:left;**}
#sidebar{ width:150px; height:200px; background:#0F0; **float:right;**}

效果如图 5-24 所示。

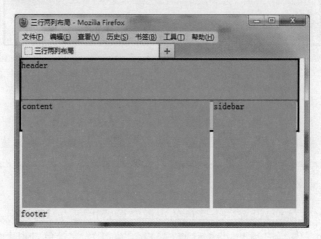

图 5-24

由于内容栏和侧栏分别向左和向右浮动,父容器 #main 高度向上塌陷了,因而底部 footer 区块跑到了上面。

利用 after 伪元素闭合浮动,给 #main 设置一个类 class="clearfix",代码如下:

```
<div id="main" class="clearfix">
        <div id="content">主体内容部分</div>
        <div id="sidebar">主体侧栏部分</div>
    </div>
```

由于我们一开始就写了 clearfix 类样式,利用 clearfix 类闭合了浮动。

得到如下图 5-25 所示效果。

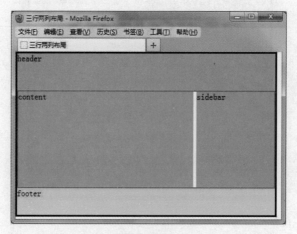

图 5-25

　　到这里本案例基本制作完成了。如果想继续美化一下，让主体栏♯main 离 header 头部和 footer 底部都有一点空隙的话，我们可以给 main 设置 margin 样式，并将 main 的边框注释掉或者删除掉即可：

```
♯main{
    / * border：♯F0F solid 2px；* /
    margin：10px 0；        / * 设置♯main 区块的外边距，上下为 10px 左右为 0 * /
}
```

同时我们将底部的背景色改成橘黄色，效果如图 5 - 26 所示。

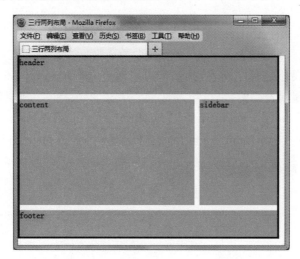

图 5 - 26

第 6 章　列表综合应用

列表是 HTML 中非常重要的一个标签,它可以演变成新闻列表、导航列表、图片列表、留言列表等等。因此,适当运用列表,会令工作事半功倍。你会发现,原来项目中大部分区块都是利用列表来完成的。本章我们就来学习一下列表的各种表现形式。

6.1　列表类型 list-style-type

无论是无序列表还是有序列表,我们都可以通过 list-style-type 来改变他们的默认样式。list-style-type 即列表类型,也可以写成简写方式 list-style。其取值有:disc ｜ circle ｜ square ｜ decimal ｜ decimal-leading-zero ｜ lower-roman ｜ upper-roman ｜ lower-greek ｜ lower-latin ｜ upper-latin ｜ armenian ｜ georgian ｜ lower-alpha ｜ upper-alpha ｜ none ｜ inherit。

list-style-type 属性关键字

表 6 - 1

disc	实心圆圈
circle	空心圆圈
square	正方形
decimal	数字 1,2,3,4,5,6...
decimal-leading-zero	十进制数,不足两位的补齐前 0,例如:01, 02, 03, ..., 98, 99
lower-roman	小写罗马文字,例如:i, ii, iii, iv, v, ...
upper-roman	大写罗马文字,例如:I, II, III, IV, V, ...
lower-greek	小写希腊字母,例如:α(alpha), β(beta), γ(gamma), ...
lower-latin	小写拉丁文,例如:a, b, c, ... z
upper-latin	大写拉丁文,例如:A, B, C, ... Z
armenian	亚美尼亚数字
georgian	乔治亚数字
none	无(取消所有的 list 样式)

以上这些效果不一定经常使用。通常在实际工作中用得最多的是 list-style-type:none;来清除项目符号,然后用我们自己设计的图标来作为前面自定义的项目符号。

图 6 - 1 展示了列表的各种项目符号在页面中的显示效果:

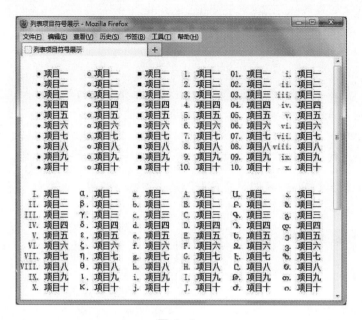

图 6-1

6.2　练习——新闻列表 1

本案例效果如下图 6-2 所示：

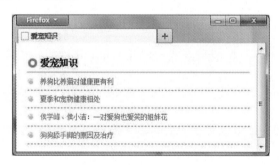

图 6-2

【制作思路】

本案例有两类元素，一是标题"爱宠知识"，一是内容列表。h1 表示标题，ul 表示列表内容。我们用一个 class 名为 news 的 div 元素来包裹住整个内容。结构如下：

```
〈div class="news"〉
    〈h1〉爱宠知识〈/h1〉
    〈ul〉
        〈li〉〈a href="#"〉养狗比养猫对健康更有利〈/a〉〈/li〉
        〈li〉〈a href="#"〉夏季和宠物健康相处〈/a〉〈/li〉
        〈li〉〈a href="#"〉侯学峰、侯小洁：一对爱狗也爱笑的姐妹花〈/a〉〈/li〉
```

```
        <li><a href="#">狗狗舔手脚的原因及治疗</a></li>
    </ul>
</div>
```

> **注意** 我们编写的习惯是利用 tab 键来对齐相应的等级元素。上面的结构 li 是 ul 的子级元素,因此,我们利用 tab 键,让 li 向里缩进一级。在 Dream-weaver 等 HTML 编辑器中,每次按 Tab 键时就会缩进 4 个空格,从而保证缩进的一致性。这样做的好处就是父级、子级元素一目了然。

下面的任务就是写样式,我们对照着上图效果来逐步编写。首先看下无样式效果,如图 6-3 所示:

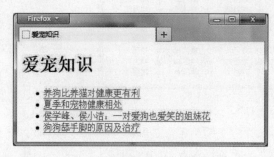

图 6-3

我们先设置最外层的区块 news 的样式,为其设置宽度为 400 像素,外边距为 20 像素。

和最终效果对比一下就可以发现我们需要给 h1 设置哪些样式。首先要给 h1 设置一个 2 像素的绿色的下边框,以及相应的字体大小及行高。然后通过设置 pad-ding-left 值,让 h1 前面空出相应的位置,以便于放文字前面的圆圈图。接下来利用我们所学过的背景不平铺并靠左来给 h1 定义那个圆圈图形的背景。h1 部分的样式如下:

```
.news{ width:400px; margin:20px;}
h1{
    border-bottom:#8bc500 solid 2px;      /* 定义 h1 的下边框为 2 像素的绿色实线 */
    font-size:16px;                       /* 定义 h1 的字体大小为 16px */
    line-height:30px;                     /* 定义 h1 的行高为 30px */
    padding-left:25px;                    /* 定义 h1 的左间距为 25px */
    background:url(images/circle.gif) no-repeat left;  /* 定义 h1 的圆圈背景为不平铺靠左 */
}
```

预览效果如图 6-4 所示。

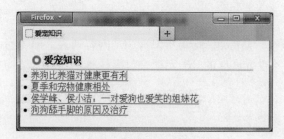

图 6-4

接下来继续写列表部分的样式,设置链接 a 的行高、颜色以及鼠标悬停为红色并带有下划线效果,样式如下:

```
.news a{
    color:#06C;                    /*设置a链接的文字颜色*/
    font-size:12px;                /*设置a链接的字体大小*/
    text-decoration:none;          /*设置a链接的文本修饰为无修饰*/
    line-height:30px;              /*设置a链接的行高为30px*/
}
.news a:hover{
    text-decoration:underline;     /*设置a的鼠标悬停为文本修饰有下划线*/
    color:#F00;                    /*设置a的鼠标悬停为红色*/
}
```

浏览效果如图 6-5 所示。

对照最终效果,发现每条新闻下面的灰色虚线没有设置,每条新闻前面的小脚印图标也没有设置。下面我们逐步设置,首先是每条新闻下面的虚线。

设置 li 的下边框为灰色的虚线,效果如图 6-6 所示:

```
li{
    border-bottom:#666 dashed 1px;    /*设置li的下边框为灰色1像素的虚线*/
}
```

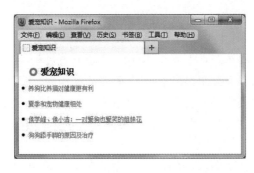
图 6-5

图 6-6

接下来在每条 li 前面设置小图标。我们利用 list-style-type:none;来将默认的黑点清除,并且利用左内间距 padding-left 让 li 前面空出相应的位置,以便于放置小图标。

具体样式如下:

```
li{
    border-bottom:#666 dashed 1px;    /*设置li的下边框为灰色1像素的虚线*/
    list-style-type:none;             /*去掉 li 前面默认的黑点*/
    padding-left:20px;                /*利用 paddin-left 空出每条新闻前面放置图标的位置*/
}
```

得到效果如下图 6-7 所示。

最后给 li 定义小脚印的背景为不平铺靠左,如图 6-8,具体样式如下:

```
li{
    border-bottom: #666 dashed 1px；   /* 设置 li 的下边框为灰色 1 像素的虚线 */
    list-style-type:none；            /* 去掉 li 前面默认的黑点 */
    padding-left:20px；              /* 利用 padding-left 空出每条新闻前面放置图标的位置 */
    background:url(images/tb. gif) no-repeat left；  /* 设置 li 的背景，并定义为不平铺,靠左 */
    }
```

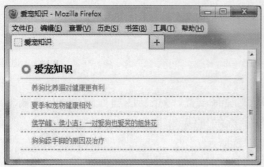

图 6-7

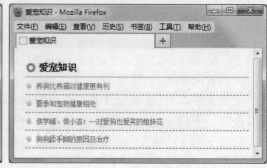

图 6-8

6.3 练习——新闻列表 2

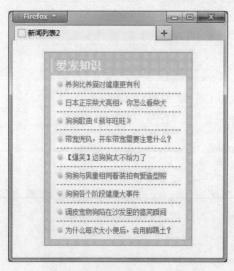

图 6-9

通过改变样式,还可以将上例中的效果变成如图 6-9 所示。

本练习在上一个案例的基础上更进了一步,结构和上一个《新闻列表》案例基本相同,为了美观起见我们又添加了几条新闻。变的是样式的设置,综合利用了背景图的设置、margin 与 padding 等知识点。

本案例运用到了上一章我们讲的新闻列表的内容结构。从整个区块的角度看,区块内部有一个 10 像素的 padding 值。但是如果站在背景色为白色的新闻列表区块的角度看,就是新闻区块 ul 有一个 10 像素的 margin 值。至于用哪一种方法来空出这 10 像素的距离,要看具体情况。结构和之前我们做的新闻列表练习一样:

```
<div class="news">
    <h1>爱宠知识</h1>
    <ul>
        <li><a href="#">养狗比养猫对健康更有利</a></li>
        <li><a href="#">日本正宗柴犬亮相,你怎么看柴犬</a></li>
        <li><a href="#">狗狗歌曲《新年旺旺》</a></li>
```

```
        <li><a href="#">带宠兜风,开车带宠需要注意什么?</a></li>
        <li><a href="#">【爆笑】这狗狗太不给力了</a></li>
        <li><a href="#">狗狗与男童相同着装拍有爱造型照</a></li>
        <li><a href="#">狗狗各个阶段健康大事件</a></li>
        <li><a href="#">调皮宠物狗陷在沙发里的搞笑瞬间</a></li>
        <li><a href="#">为什么每次大小便后,会用脚踢土?</a></li>
    <ul>
</div>
```

首先给 div 区块设置宽度、边框、背景图、及内间距、外边距:

```
*{ margin:0; padding:0;}
.news{
    width:240px;
    border:#009900 solid 1px;
    background:url(images/bg.gif); padding:10px;
    margin:20px auto;
}
```

为了预览方便,我们为其设置了 margin:20px auto;,让区块上下距离为20像素,左右为自动,实现区块居中效果。

此时预览效果如图6-10所示。

需要说明的是:这里的背景图片,我们采用的只是很小一部分" ",通过让它在区块里平铺实现如图的效果。最后还会用到一个小图片,是用于新闻列表前面的小爪子图标" "。

然后我们设置 h1 的文字颜色、字体大小、行高、字体、左边框颜色及粗细、内部左间距。

图6-10

```
.news h1{
    color:#FFF;
    font-size:20px;
    line-height:25px;
    font-family:黑体;
    border-left:#c9e143 solid 4px;
    padding-left:7px;
}
```

此时效果如图6-11所示。

接着设置 ul 的背景色、上边距以及内边距:

```
.news ul{
    background:#FFF;
    margin-top:5px;
    padding:0 10px;
}
```

效果如图 6 - 12 所示。

图 6 - 11

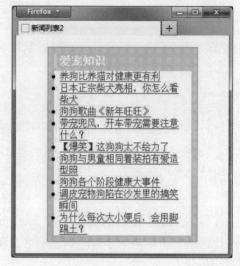

图 6 - 12

此时,已经可以看到雏形了。

接下来,给 li 设置下边框,去掉 li 前默认的黑点,利用 padding-left 空出左边的放小爪子图标的位置,然后对链接及链接悬停进行相应的设置:

```
li{
    border-bottom:#666 dashed 1px;
    list-style:none; background:url(images/tb. gif) no-repeat left;
    padding-left:15px;
}
a{
    color:#06C;
    font-size:12px;
    text-decoration:none;
    line-height:30px;
}
a:hover{
    text-decoration:underline;
    color:#F00;
}
```

得到最终效果,如图 6 - 13:

图 6 - 13

6.4 导航列表

几乎每一个网站都会有导航,下面我们就利用无序列表 ul 来制作比较典型的导航菜单。本案例还添加了鼠标悬停效果,当我们鼠标悬停到某个导航链接上时,背景变成亮黄色的渐变效果。本案例最终效果如图 6 - 14 所示。

图 6 - 14

本案例需要用到的图片只有三个,分别是用于红色渐变效果的背景图 ,用于悬停的黄色背景图 和用于分隔链接的背景图 。下面我们就利用准备好的素材开始制作。

首先,新建一个 id 名为 nav 的 div 区块,然后在里面添加一段导航列表所需内容,结构如下:

```
〈div id="nav"〉
    〈ul〉
        〈li〉〈a href="#"〉首 页〈/a〉〈/li〉
        〈li〉〈a href="#"〉集团概况〈/a〉〈/li〉
        〈li〉〈a href="#"〉组织架构〈/a〉〈/li〉
        〈li〉〈a href="#"〉传媒体验〈/a〉〈/li〉
        〈li〉〈a href="#"〉数字报〈/a〉〈/li〉
        〈li〉〈a href="#"〉联系我们〈/a〉〈/li〉
    〈/ul〉
〈/div〉
```

结构搭建好之后，默认显示如下图 6 – 15 所示。

下面我们把 nav、ul 和 li 的边框都显示出来，进一步看效果。添加样式：

```
* { margin:0; padding:0;}
#nav{ border:#000 solid 3px;}
#nav ul li{ border:#0F0 solid 1px;}
```

得到效果如图 6 – 16 所示。

 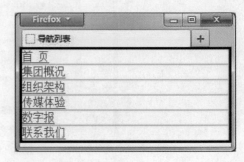

图 6 – 15   图 6 – 16

这样我们可以很清楚地看到各个区块的包含关系。继续往下做时，哪里出错可以随时看到随时解决。

接着将 #nav 的高度设置为 34px，同时给 li 添加 float:left;属性，让其变成横排显示。在 li 里继续添加样式：

```
#nav{
    border:#000 solid 3px;
    height:34px;
}
#nav ul li{
    border:#0F0 solid 2px;
    float:left;
    }
```

效果如图 6 – 17 所示。

图 6 – 17

下面给父容器 nav 设置背景图。

```
#nav{
    border:#000 solid 5px;
    height:34px;
    background:url(images/navBg. gif) repeat-x;
    }
```

如图 6 - 18 所示。

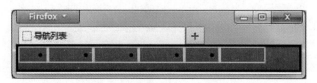

图 6 - 18

到目前为止,还有以下地方要调整:

(1)文字还没有调整成垂直方向的中间;

(2)文字的颜色还没有改成白色;

(3)链接 a 文字的默认的下划线还没有去掉;

(4)每个链接左右的距离太近;

(5)无序列表默认的前面的黑点还没有去掉;

(6)文字还是默认的大小 16px,要设置成 14px。

下面继续添加样式:

```
#nav li{
    border:#0F0 solid 2px;
    float:left;
    list-style:none;               /*去掉 li 默认前面的点*/
    }
#nav a{
    line-height:34px;              /*设置文字行高,让文字在整个#nav 高度的垂直中间*/
    text-decoration:none;          /*去掉 a 链接默认下划线*/
    color:#FFF;                    /*设置 a 链接为白色*/
    padding:0 15px;                /*利用 padding 左右的值,拉开每组链接的距离*/
    font-size:14px;                /*设置文字大小为 14px*/
    }
```

目前效果如图 6 - 19 所示。

图 6 - 19

效果基本已经完成,让我们把之前写的 #nav、#nav ul li 元素的边框都注释掉或者删除掉(建议初学者先注释掉,这样便于对代码的理解),然后再给 li 定义一个不平铺靠右的一个小竖线图形▌。

```
background:url(images/line.gif) no-repeat right;
```

效果如图 6 - 20 所示。

目前,a:hover 鼠标悬停的效果还没有加,下面我们继续添加代码:

图 6 - 20

```
#nav a:hover{
    background:url(images/hoverBg.gif) repeat-x;
    color:#000;
    }
```

图 6 - 21

如图 6 - 21 所示,虽然设置了 a 的背景,但是没有占满整个区块。因为 a 链接是一个行元素,也叫做内联元素。它不像块元素那样会占满整行。我们把 a 链接通过 display:block; 转化成块元素即可。

给 a 继续添加样式:

#nav ul li a{ line-height:34px; text-decoration:none; color:#FFF; padding:0 15px; font-size: 14px;**display:block;**}

最终效果如图 6 - 22 所示。

图 6 - 22

至此,本例完成。

6.5　滑动门导航

我们利用上例相同的结构,还可以制作出如图 6 - 23 的效果:

图 6 - 23

在网页上像这样的导航效果是很常见的,想实现这样的效果,最理想的办法就是直接使用 CSS3 里的圆角属性:border-radius。我们只需为 li 设置 border-top-left-radius:3px;和

border-top-right-radius:3px;即可。但是,CSS3 的这个属性目前除了火狐浏览器、谷歌浏览器和苹果浏览器支持之外,IE 浏览器家族里只有 IE9 以上的浏览器才支持该属性。因此,我们不得不使用图片来实现该效果。

这里就会有一个问题,文字的字数不一样,上例中就有两个字、三个字、四个字三种情况,那我们总不能去做三张图片吧? 如果以后需要新的尺寸呢? 这时,我们就需要利用名为滑动门的技术来实现。

那么什么是滑动门呢? CSS 的先进之处是背景的可层叠性,并允许它们在彼此之上进行滑动,以创造一些特殊的效果,这种效果称之为滑动门。

下面,我们就来分析一下这种技术的实现原理。

导航列表项的结构是这样的:<li><a href="#">组织架构</a></li>。每一个列表项里的内容都是一个链接,那么我们就可以把列表项 li 看做一个区块,把链接 a 看做一个区块,有了两层元素结构,就可以分别给他们定义不同的背景。

将图片切成如图 6－24 这样:

这样,我们就可以利用两层元素的叠加来分别给他们定义背景,以实现让 li 部分的背景滑动,进而实现本例的效果。

图 6－24

下面开始样式的编写:

```
*{ margin:0; padding:0;}
#nav{
    border-bottom:#C00 solid 2px;      /*设置导航区块的下边框效果*/
    height:28px;
    margin:10px;
}
#nav li{
    float:left;
    margin-left:6px;                   /*设置 li 直接的距离*/
    list-style-type:none;
    border:#000 solid 1px;             /*设置 li 的边框为黑色*/
}
#nav a{
    line-height:28px;
    font-size:14px;
    text-decoration:none;
    display:block;
    padding:0 20px;                    /*利用 a 的左右内间距将 li 撑宽*/
    color:#C00;
}
```

我们给以上样式中的关键部分添加了注释,方便理解。为 li 添加边框的目的是为了直观地看到 li 目前的边界范围。效果如图 6－25 所示:

下面我们首先给 li 设置我们切好的背景图部分 ,让其不平铺靠

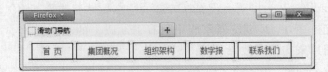

图 6 - 25

左。由于有了背景图,此时我们可以将边框删除:

```
#nav li{
    float:left;
    margin-left:6px;                    /* 设置 li 直接的距离 */
    list-style-type:none;
    border:#000 solid 1px;
    background:url(images/nav_l_bg. gif) no-repeat left;
    }
```

此时,我们利用 li 这层元素已经将左边的背景图定义好了,也就是滑动的部分。如图 6 - 26 所示。

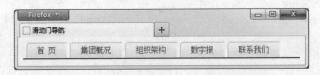

图 6 - 26

接着,给链接 a 这层元素继续添加样式,定义右边的固定部分的背景 │ ,设置背景为不平铺靠右:

```
#nav a{background:url(images/nav_r_bg. gif) no-repeat right;}
```

案例的默认部分设置完成,如图 6 - 27 所示。

图 6 - 27

下面是悬停效果的设置,我们分别设置 li:hover 和 a:hover,样式代码如下:

```
#nav li:hover{ background:url(images/nav_l_hover_bg. gif) no-repeat left;}
#nav a:hover{ background:url(images/nav_r_hover_bg. gif) no-repeat right; color:#FFF;}
```

至此本案例完成。

导航列表效果多种多样,但实现原理大同小异,这里我们只列出了比较常见的两种效果,你可以自己尝试下其他的表现效果。

6.6　图片列表

图片列表也是网上常见的一种列表类型。下面我们制作一个比较典型的图片列表效果。如图 6 - 28 所示是本案例的最终效果。

图 6 - 28

本案例主要由两大块组成，一个标题栏和一个列表栏。本例 HTML 代码如下：

```
〈div class="imgList"〉
    〈div class="hd"〉〈a href="#"〉更多摄影作品〈/a〉〈h2〉最新宠物摄影〈/h2〉〈/div〉
    〈ul class="clearfix"〉
        〈li〉〈a href="#"〉〈img src="1.jpg"/〉小黑黑〈/a〉〈/li〉
        〈li〉〈a href="#"〉〈img src="2.jpg"/〉德芙和美女〈/a〉〈/li〉
        〈li〉〈a href="#"〉〈img src="3.jpg"/〉艾米和艾米妈〈/a〉〈/li〉
        〈li〉〈a href="#"〉〈img src="4.jpg"/〉么么茶的欢乐一家〈/a〉〈/li〉
        〈li〉〈a href="#"〉〈img src="5.jpg"/〉Q 一家〈/a〉〈/li〉
        〈li〉〈a href="#"〉〈img src="6.jpg"/〉佳友清明春游〈/a〉〈/li〉
    〈/ul〉
〈/div〉
```

我们用一个 class 名为 imgList 的区块来包裹整个图片列表部分，并创建一个 class 名为 hd 的区块来表示里面的标题部分。我们首先来分析 hd 部分的代码：

```
〈div class="hd"〉〈h2〉最新宠物摄影〈/h2〉〈a href="#"〉更多摄影作品〈/a〉〈/div〉
```

这部分为什么要用一个 hd 区块来包裹 h2 标题和"更多摄影作品"的链接 a 部分呢？为什么不直接利用 h2 这层元素来代表这层元素呢？例如这样：

```
<h2>最新宠物摄影<a href="#">更多摄影作品</a></h2>
```

这是根据语义来设计的,很显然"最新宠物摄影"这几个字属于二级标题部分,但是"更多摄影作品"这几个字不属于二级标题部分。所以我们不能用二级标题这层标签将这个链接部分也包裹进来,否则设计的结构就不符合语义了。

那么这部分我们是否可以直接这样:

```
<h2>最新宠物摄影</h2><a href="#">更多摄影作品</a>
```

从语义来讲,我们这样做没有任何问题。但是,我们就很难利用 css 来完成设计图中的设计了。因此我们添加了一个无语义的标签 div 来达到设计要求。

有了这层元素,我们在背景图的分配上就方便多了。将这部分背景切成三个部分:

第一部分 ▌用来分配给 hd 区块横向平铺,达到区块可以自适应的目的。需要说明的是,用来横向平铺的这部分背景图在切图的时候要注意左右必须能够完美的衔接。

第二部分 用来分配给 h2 作为背景。

第三部分 用来分配给"更多摄影作品"的链接部分作为背景。

当然你也可以将这个背景切成一个整的大图,像这样图 6-29 所示。

图 6-29

但是这样做的话会给以后维护带来很大麻烦,如果需要将这部分加长,那么就必须回到最初设计的 psd 源文件部分重新进行修改。

图 6-30

下面,我们开始逐步进行本案例的制作。

对初学者来说,在做练习的时候给所有的元素加边框,是一个非常好的习惯。因为有了边框的存在,我们就可以清楚地看到范围大小,出现问题可以及时发现纠正。

首先,把所有元素的边框显示出来。这里由于图片比较大,我们要先把图片的尺寸用样式来固定。先写如下代码效果如图 6-30 所示。

```
*{ margin:0; padding:0;}
.clearfix:after{ content:""; clear:both; display:block;}
.clearfix{ zoom:1;}
.imgList{
```

```
        width:520px;
        margin:10px auto;
        border:#000 solid 2px;
        }
.imgList ul{
        border:#F0F solid 2px;
        }
.imgList ul li{
        border:#0F0 solid 1px;
        }
.imgList ul li img{
        width:135px;
        height:160px;
        }
```

由于有六幅图片,整体比较长,我们在这里只截取了两幅图。

结构很清晰:黑色边框是最外层的 .imgList,它包含了用紫色边框显示的 ul;ul 里的每一条 li 用绿色边框显示。

接下来,我们继续从标题部分开始写样式。首先,给.hd 定义高度 36px,设置背景:

```
.hd{
        background:url(images/Photography.gif);
        height:36px;
        }
```

得到效果如图 6-31 所示:

图 6-31

接着设置头部里的二级标题 h2 的边框、宽高、文字大小、文字颜色、左浮动等,链接 a 部分的宽高、背景、右浮动等,代码如下:

```
.hd h2{
        width:182px;
        height:36px;
        border:#FF0 solid 1px;
        font-size:16px;
        float:left;
        }
```

```
.hd a{        font-size:12px;
      text-decoration:none;
      color:#FFF;
      font-weight:bold;
      line-height:36px;
      padding-right:20px;
      border:#F00 solid 1px;
      float:right;
      }
```

得到效果如图 6-32 所示：

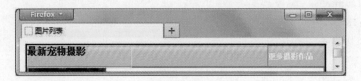

图 6-32

通过边框的设置，我们可以很直观清楚地看到二级标题 h2 部分和链接 a 部分的范围大小，下面分别给他们设置不同的背景。

二级标题 h2 的背景：

```
.hd h2{background:url(images/h_bg.gif) no-repeat;}
```

链接 a 部分的背景：

```
.hd a{background:url(images/a_bg.gif) no-repeat right;}
```

这个元素的背景都添加完成之后，效果如图 6-33 所示：

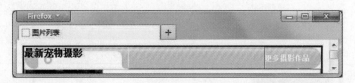

图 6-33

很明显，这时 h2 部分标题文字的位置不对，可以通过 padding 值的设置来使文字定位到相应的位置。下面为 h2 设定 padding 值：

```
.hd h2{padding:12px 0 0 55px;}
```

我们设置了上右下左四个方向上的值，这时需要在 h2 高度的基础上减去上部的 padding 以及在原宽度的基础上减去左部的 padding 才能保证 h2 部分的宽高不变。我们同时更改 h2 的宽高值：

```
width:127px;          /*在宽182的基础上减55*/
height:24px;          /*在高36的基础上减去12*/
```

头部标题部分设置完成，可以注释掉之前设置的边框。此部分浏览效果如图 6-34 所示：

图 6 - 34

下面，我们接着设置图片列表内容部分，给图片设置边框并为其增加内边距。CSS 代码如下：

```
.imgList ul li img{ width:135px; height:160px; padding:3px; border:#CCC solid 1px;}
```

浏览效果如图 6 - 35 所示。

由于图片设置的是 135px 的宽度，并且设置了一个 3 像素的 padding 值和 1 像素的边框。因此，整个图片部分所占的宽度要加上左右 3 像素的 padding 值和左右各 1 像素的 border 值。我们设置 li 的宽度为 135＋6＋2＝143，正好能容纳下图片部分并且 li 里的文字被挤到了下一行。

```
.imgList ul li{ border:#0F0 solid 1px; width:143px; }
```

浏览效果如图 6 - 36 所示：

图 6 - 35　　　　　　　　　　　　　　　　　图 6 - 36

接着设置左浮动、margin 值，去掉 li 前面默认的圆点，设置 li 里的文字居中：

```
.imgList ul li{
    border:#0F0 solid 1px;
    width:143px;
    float:left;
    margin:10px 16px;              /*外边距上下为 10 左右 16*/
    list-style:none;
    text-align:center;
    _display:inline;               /*兼容 IE6*/
    }
```

在样式中,我们给 li 设置_display:inline;是为了兼容 IE6。下划线是 IE6 的专属 bug
标记。正如我们在第五章提到的,在 IE6 里元素设置了浮动,则外边距 margin 值会加倍。
解决的办法就是同时设置_display:inline;。

设置完成后,浏览效果如图 6-37 所示。

在 IE6 里,我们还会发现其中一条图片列表是这样的,图 6-38 所示。

图 6-37

图 6-38

图 6-39

这是因为,当图片列表首字母是英
文、数字以及符号时,在 IE6 里不换行。
解决的办法是在 li 里添加 word-wrap:
break-word;强制换行。本例中,由于首
字母是一个大写的英文字母 Q,导致在
IE6 里没有换行。

在 li 样式里添加:

word-wrap:break-word;
/*兼容 IE6,强制首字母英文换行*/

剩下的都是一些小的修饰,如注释掉
边框,调整链接文字的大小颜色下划线
等。最终效果如图 6-39 所示。

至此,本例完成。

列表表现形式多种多样,本章列举了
列表的几种典型且常用的表现形式,列表
在网站设计中占有举足轻重的地位,因此,对列表的相关知识理解与应用在我们今后的工作
中将会起到非常重要的作用。

第 7 章　position 定位

position 定位允许用户精确定义区块的相对位置,可以相对于自身位置,相对于父元素定位,或者相对于浏览器本身。学好 position 定位,能给我们的工作效率带来极大的提高。

7.1　position

从字面意思上看就是指定块的位置,即块相对于父块的位置和相对于它自身应该在的位置。position 用于设置对象的定位方式,默认值是 static:静态(默认)无特殊定位。

7.1.1　relative:相对定位

如果没有使用 left、right、top、bottom 等属性让其偏移位置的话,它看上去就像 static 一样,使用 left 等属性的定义却是以本身原来的位置计算。无论是否移动,元素仍然占据原来的空间。因此,移动元素会导致覆盖其他元素。

看下面一个示例,三个宽 100px、高 50px 的区块:

```
. box1,. box2,. box3{ width:100px; height:50px; border:#000 solid 1px;}
<div class="box1">box1</div>
<div class="box2">box2</div>
<div class="box3">box3</div>
```

默认如图 7-1 所示。

下面我们对 box2 添加相对定位属性:

```
. box2{ position:relative; top:20px; left:35px;}
```

设置相对定位属性,并设置上部距离 20,左部距离 35 后,显示效果如图 7-2 所示。

图 7-1

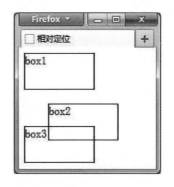

图 7-2

我们发现,box2 与它在文档流中的默认位置相比,向下移动了 20 像素,向左移动了 35 像素。注意,box2 原来占据的空间并没有动,其他元素也没有动。除了这个元素自己相对于它的原始位置挪动了之外,页面没有发生任何变化。

7.1.2　absolute:绝对定位

绝对定位和相对定位相比有很大的不同,它会使元素彻底从文档流中脱离出来。

下面,我们把上例中的相对定位改成绝对定位:

.box2{ position:absolute; top:20px; left:45px;}

图7-3

从图7-3中可以看到,box2之前所占据的空间自动被box3所填补上了。这说明,绝对定位的元素脱离了常规文档流,它现在是相对于顶级元素body定位。此时,便引出了一个关于定位的重要概念:定位上下文。

关于定位上下文,我们首先要知道,绝对定位的默认定位上下文是body元素。如图7-3所示,通过top和left设定的偏移值,决定了元素相对于body元素产生偏移,而不是相对于它自身原来的位置。由于绝对定位元素的定位上下文是body,所以当滚动页面的时候,绝对定位的元素为了维护与body元素的相对位置关系,也会跟着相应地移动。

那么如何为绝对定位的元素设定其他定位上下文呢? 我们先了解一下最后一种定位方式,稍后将通过实例来说明。

fixed:固定定位

fixed能使元素固定在屏幕某位置,不随滚动条滚动而滚动。

固定定位也是完全从文档流中脱离了出来,单从这点来说,固定定位类似于绝对定位。不同的是,固定定位元素的定位上下文是视口,比如浏览器的窗口或手持设备的屏幕。因此它不会随页面的滚动而移动。

图7-4和图7-5展示了绝对与固定定位的效果。

我们将上例中的绝对定位替换成固定定位。

.box2{ **position:fixed**; top:20px; left:45px;}

如图7-4所示看起来和绝对定位很像。但是,当我们滚动页面后才发现,固定定位的元素不随着页面的滚动而移动,如图7-5所示。

图7-4

图7-5

固定定位并不常用,一般是利用它来创建不随页面滚动而滚动的导航。

7.1.3　定位上下文

在我们利用 position 属性设置 relative、absolute 或者 fixed 后，便可以通过 top、left、right、bottom 属性，相对于另一个元素移动该元素的位置。这里的另一个元素，就是该元素的定位上下文。

我们知道绝对定位的默认定位上下文是 body。这是因为上例中 body 是三个元素的唯一的祖先元素。其实，绝对定位元素的任何祖先元素都可以成为它的定位上下文，只需把相应祖先元素的 positon 设定为 relative 相对定位即可。

图 7－6

我们看下面的一个小例子：

图 7－6 是本例的最终效果。本例中有一个"720p"的小标签，定位在了图片的右上角。很显然我们需要让标签部分相对于图片所在的区域，而不能相对于 body。HTML 结构如下：

```
<div>
    <span></span>
    <img src="tp.jpg" alt="" />
</div>
```

我们用一个 div 来包裹内容部分，一个空 span 标签来盛放"720p"标签部分。

下面，我们开始写样式。首先设置 div 区块的宽度与边框，以及 span 的宽高和背景。

```
div{ width:151px; border:#66F solid 1px;}
span{ width:45px; height:45px; display:block; background:url(720.png);}
```

此时效果如图 7－7 所示。目前，显示还是按照文档流的显示规则，从上到下。下面我们为 span 部分添加绝对定位样式。

```
position:absolute; top:0; right:0;
```

图 7－7

图 7－8

这时，span 部分的定位上下文是 body，所以显示效果如图 7－8 所示，标签跑到了浏览器的右上角。我们为 span 的父元素 div 添加 positon:relative 相对定位属性。

```
div{ width:151px; border:#66F solid 1px; position:relative;}
```

图7-9

我们看到,这时标签 span 部分便相对于其父容器 div 来绝对定位了。如图7-9所示:

7.2 深度 z-index

在元素重叠的情况下,css 允许我们通过设置对象的 z-index属性来设置重叠的先后顺序。大值对象的层级位于小值对象之上。未设置深度 z-index 的情况下,默认为0。看下面的代码:

```
*{ margin:0; padding:0;}
.main{ width:200px; height:170px; position:relative; border:#000 solid 2px;}
.box1{ width:100px; height:100px; background:#F00; position:absolute; top:20px; left:20px;}
.box2{ width:100px; height:100px; background:#0F0; position:absolute; top:40px; left:40px;}
.box3{ width:100px; height:100px; background:#00F; position:absolute; top:60px; left:60px;}
<div class="main">
    <div class="box1"></div>
    <div class="box2"></div>
    <div class="box3"></div>
</div>
```

效果如图7-10所示。

我们让 box1、box2、box3 都绝对定位,且距离上边和左边分别为 20px、40px、60px。同时我们设置了父容器为相对定位,否则子容器会相对于 body 定位。

这时,发现先写的区块在最下面,后写的区块在最上面。可以利用 z-index 来改变他们的层叠顺序,例如,我们希望先定义的红色区块在最上面,就给红色区块添加样式。

```
.box1{ width:100px; height:100px; background:#F00; position:absolute; top:20px; left:20px;
z-index:1;}
```

得到效果如图7-11所示:

图7-10

图7-11

我们看到可以通过改变 z-index 数值的大小来改变他们的层叠顺序。

7.3　电影列表练习

下面我们利用本章的知识点来做一个 position 定位的综合小练习。本练习是模仿迅雷网站里的电影列表,图 7-12 是本案例的最终效果。

图 7-12

这是一个典型的利用绝对定位布局的案例。列表中的"720p"、"1080P"、"付费"、"蓝光"以及"片花"标签都需要利用绝对定位来实现。为了节省版面,这里我们只列出其中一个列表的结构:

```
〈ul class="clear"〉
    〈li〉
        〈a href="#"〉〈img src="images/01.jpg" /〉〈/a〉
        〈span class="tag t720"〉〈/span〉
        〈span class="txtbg"〉〈/span〉
        〈span class="txt"〉彭于晏 Baby 黑白配〈/span〉
        〈p class="movtit"〉
            〈a href="#"〉夏日乐悠悠〈/a〉
            〈span class="score"〉8.1〈/span〉
            〈a class="info" href="#" title="详情"〉详情〈/a〉
        〈/p〉
        〈p class="category"〉〈a href="#"〉剧情〈/a〉/〈a href="#"〉爱情〈/a〉〈/p〉
```

```
        </li>
        .........
</ul>
```

【结构分析】 列表项 li 里首先包含一个带链接的图片,然后是用来放"720p"等标签的一个 span。注意这里我们采用了 class 的类名的组合。

```
<span class="tag t720"></span>
```

同样,我们将 class 类组合为相对稳定的部分 tag 和容易变化的部分 t720 等。和 tag 组合在一起的类除了 t720 之外,其他几个列表中还有 t1080、pay、clips、blu 这几个类。这样做的目的就是为了给他们分配不同的背景图。

图 7 - 13

再下面是悬浮于图片上的文字,我们用一个 class 名为 txt 的 span 来表示。再往下是透明的灰色背景 txtbg 区块,它的作用就是为上面的白色文字提供透明烘托的作用。

然后就是电影标题 movtit 区块,里面有电影标题、评分以及详情三个元素。最后一个元素就是电影的类别,我们用一个 class 名为 category 的 p 表示。

在没有写样式之前,表现如图 7 - 13 所示。

目前,还有几个元素看不到,分别是 tag 标签、透明灰色区块 txtbg 以及评分后面的"详情"小图标 info。先写下这三个元素的样式。

```
ul li{
width:120px;
border:#000 solid 2px;
}
.tag{
width:45px;
height:45px;
display:block;
border:#000 solid 1px;
}
.txtbg{
height:20px;
width:100%;
display:block;
background:#000;
}
.info{
width:8px;
```

```
height:10px;
display:block;
background:url(images/tagBg.png) no-repeat -238px 0;
text-indent:-9999px;
}
```

图 7-14

目前的效果如图 7-14,仅仅是让我们能看到所有的元素,下面就可以针对这些元素来继续写样式了,要对 tag 标签、图片之上的说明文字和灰色背景条进行绝对定位。首先我们先给其父容器 li 相对定位。

```
ul li{
width:120px;
border:#000 solid 2px;
position:relative;          /*设置父容器相对定位,以便
于子元素绝对定位*/
}
```

接下来我们设置 tag 标签部分:

```
.tag{
    width:45px;
    height:45px;
    border:#000 solid 1px;
    position:absolute;        /*设置 tag 为绝对定位*/
    top:0;                    /*距上部为 0*/
    right:0;                  /*距右部为 0*/
}
```

此时,tag 的样式设置完成。还记得我们之前设置了其他几个 class 名吗? tag 部分是相对稳定的部分,这里我用 tag 这个样式名来设置区块的宽高及定位区块位置。

那么,当我们需要其他的背景图标签时,就能用到其他几个相对变化的几个类名。这部分标签只是用来设置当区块里为不同的 class 名时,显示不同的背景。它们的样式如下。

图 7-15

```
.t720{background:url(images/tagBg.png) no-repeat -46px 0px;}    /*720p 标签背景*/
.t1080{background:url(images/tagBg.png) no-repeat 0 0px;}       /*1080p 标签背景*/
.pay{background:url(images/tagBg.png) no-repeat -139px 0px;}    /*付费标签背景*/
.clips{background:url(images/tagBg.png) no-repeat -92px 0px;}   /*片花标签背景*/
.blu{background:url(images/tagBg.png) no-repeat -187px 0px;}    /*蓝光标签背景*/
```

由于第一个和 tag 搭配的类名是 t720,因此这时第一个列表的标签背景是"720P",如图 7-15 所示。

下面我们接着设置.txtbg 部分的样式,主要目的就是将这部分定位到图片的最下方:

```
.txtbg{
    height:20px;
    width:100%;
    display:block;
    background:#000;
    position:absolute;          /*设置绝对定位*/
    top:148px;                  /*距上148*/
    left:0;                     /*距左零*/
    }
```

这时,我们看到 txtbg 定位到了图片最下方,如图 7-16 所示。

我们继续设置 txt 部分,也就是图中"足球与电影的邂逅"文字部分。对于这部分,我们需要进行绝对定位设置,并将它定位到上面的 txtbg 的黑色背景之上。

```
.txt{
    position:absolute;          /*设置绝对定位*/
    font-size:12px;
    color:#FFF;
    top:151px;                  /*距上151*/
    left:0;                     /*距左零*/
    padding-left:3px;
    }
```

通过以上样式的设置,便将文字定位到了 txtbg 背景之上,如图 7-17 所示。

图 7-16

图 7-17

接着设置 movtit 部分,这部分主要是电影标题相关的一些内容。下面我们来分析结构:

```
〈p class="movtit"〉
    〈a href="#"〉足球 VS 尤物〈/a〉
    〈span class="score"〉8.1〈/span〉
    〈a class="info" href="#" title="详情"〉详情〈/a〉
〈/p〉
```

我们采用一个类名为 movtit 的 p 段落标签来盛放里面的三部分内容:电影标题的链接 a、评分的 span 标签和详情链接。

下面我们逐一设置:

```
.movtit{
    border:#F00 solid 1px;
    position:relative;            /* 设置 movtie 相对定位 */
    }
.movtit a{
    font-size:14px;
    color:#000;
    }
.score{
    font-size:12px;
    position:absolute;            /* 设置评分部分绝对定位 */
    top:0px;                      /* 距上 0 */
    right:10px;                   /* 距右 10 */
    color:#F60;
    font-family:Arial;
    }
```

同时为 info 详情部分追加样式:

```
position:absolute;                /* 设置其绝对定位 */
top:2px;                          /* 距上 2 */
right:0;                          /* 距右 0 */
```

此时电影标题部分设置完成,如图 7-18 所示。

最下面便是 category 分类部分:

```
〈p class="category"〉〈a href="#"〉剧情〈/a〉/〈a href="#"〉爱情〈/a〉〈/p〉
```

我们对此部分设置样式:

```
.category a{ font-size:12px; color:#000; text-decoration:none; }
a:hover{ color:#C00; text-decoration:underline; }
```

此部分样式很简单,具体就是一些文字方面的设置。设置完成之后,如图 7-19 所示:

到目前为止,单个 li 列表项设置完成,下面就是对整个列表部分的设置:

图 7 - 18   图 7 - 19

```
ul{
    width:560px;                 /*设置 ul 宽度为 560*/
    margin:20px auto;            /*设置 ul 上下距离为 20 左右自动*/
    border:#000 solid 1px;       /*为 ul 设置边框*/
}
```

接着为 li 追加浮动、边距等样式让图片列表横排显示，并让他们之间空开距离：

```
float:left;                      /*设置 li 左浮动,使得列表横排显示*/
margin:8px;                      /*设置 li 的 margin 值为 8,空开列表间距离*/
list-style:none;                 /*列表样式为无样式*/
_display:inline;                 /*兼容 IE6 的双倍 margin*/
```

整个列表区块基本设置完成，目前预览效果如图 7 - 20 所示：

图 7 - 20

这时,我们可以将之前用来标明视觉范围的边框删除或者注释掉了。最后还有一点需要设置的,那就是 txtbg 的黑色背景。目前是不透明的效果,我们需要设置为半透明的效果。下面我们为 txtbg 追加两句样式:

```
filter:alpha(opacity＝50);          /＊设置背景透明效果＊/
opacity:0.5;                         /＊兼容火狐＊/
```

filter 是 IE 特有的滤镜效果,不是经常用到,最多的情况通常是透明度的设置。其中 alpha 代表透明度,opacity 的取值为 0～100,0 为透明,100 为不透明。样式中我们设置了 50,代表透明度为 50%。由于 filter 是 IE 的私有属性,因此为了兼容火狐等浏览器我们又写了:

```
opacity:0.5
```

这是火狐的透明度写法,用来兼容火狐浏览器。

设置完成之后,最终效果如图 7－21 所示:

图 7－21

本例是对 position 定位的一个典型应用,也是图片列表的另外一种复杂的表现形式。可以说本例是对目前所学大部分知识的一个整合。

第8章 表 单

表单 form 是 HTML 的一个重要组成部分,主要用于收集和提交用户输入的信息。良好的表单设计能与用户直接进行友好的沟通。表单主要包括文本域、输入框、下拉列表、单选框、复选框和按钮等元素。

8.1 表单中的元素

表单中的元素有很多。一个完整的表单,包含表单申明 form、表单分组标签 fieldset、表单标题 legend 以及表单类型。表单的类型同样也有很多,如输入框、下拉框、单选框、复选框、按钮等。

form 用于申明一个表单,有两个属性会经常用到,action 和 method。action 表示表单提交后发送到的 url 地址。发送方式用 method 表示,method 的可选参数有 get 和 post,通常用的是 post,它可以隐藏信息(get 的信息会暴露在 URL 中)。一个表单除了要用到的表单元素之外,还会用到这两个属性来传递值。值是传递给 url 地址的后台,处理后的数据会保存到数据库中。本书只讲解前端页面部分。通常一个表单元素是这样:

```
〈form action="show. php" method="post"〉〈/form〉
```

8.1.1 fieldset 和 legend

fieldset 用于对表单元素进行分组,legend 是组的标题。如果一个表单里有很多选项要填写,我们可以利用 fieldset 和 legend 来给表单分组。

8.1.2 label

〈label〉主要是给表单组件增加可访问性,用于将文字绑定到对应的表单元素上。它的 for 属性指定它所要绑定的表单元素 id 值。绑定后单击该文字,鼠标将聚焦到对应的文本框中或选中对应的选项。例如:

```
〈div class="dataArea"〉
    〈label for="username"〉用户名:〈/label〉〈input id="username" type="text" /〉
〈/div〉
```

8.2 表单类型 input

input 的字面意思是输入,是在表单里应用得最多的一个标签,是由属性值来决定标签的意义的标签。根据不同的 type 属性值,输入字段具有很多种形式,可以是文本、复选框、单选框、按钮等等。

input 的基本结构是：〈input type="…" id="…" value="…" /〉

8.2.1　type="text" 单行文本输入框

〈input type="text" /〉是标准的文本框。它有一个值属性 value，用来设置文本框里的默认文本。它通常被用来填写单个字或者简短的回答，如姓名、地址等。如图 8-1 所示。

8.2.2　type="password" 密码输入框

〈input type="password" /〉像文本框一样，但是会以星号或黑点代替用户所输入的实际字符。它是一种特殊的文本域，用于输入密码。如图 8-2 所示。

图 8-1 　　　　　　　　　　　　　　　　图 8-2

8.2.3　type="checkbox" 复选框

〈input type="checkbox" /〉是复选框，用户可以快速选择或者不选一个条目。它有一个预选属性 checked，格式为〈input type="checkbox" checked="checked" /〉。效果如图 8-3 所示。

8.2.4　type="radio" 单选框

〈input type="radio" /〉与复选框相似，但是用户只可在一个组中选择一个单选按钮。它也有一个预选属性 checked，使用方法跟复选框一样。当需要访问者在待选项中选择唯一的答案时，就要用到单选框了。

□长跑□唱歌□跳舞　　　　　　●男●女

图 8-3　　　　　　　　　　图 8-4

单选框需要用 name 属性来给 HTML 元素 input type="radio" 分组。为了实现在几个选项中只能选中一个 radio 的效果，这个分组就要根据相同的 name 属性来完成。例如注册时性别的选择，效果如图 8-4 所示。

```
〈input type="radio" name="sex" /〉男
〈input type="radio" name="sex" /〉女
```

8.2.5　type="file" 文件上传框

〈input type="file" /〉是用来展示你电脑上的文件的一个区域，显示效果就像你在软件中打开或者保存一个文档一样。文件上传框看上去和其它文本域差不多，只是它还包含了一个浏览按钮。如图 8-5 所示。

浏览...

图 8-5

8.2.6   type="submit"提交

〈input type="submit" /〉是一个点击后提交表单的按钮,可以用值属性 value 来控制按钮上显示的文本,如下:

〈input type="submit" value="填写完成,立即注册" /〉

效果如图 8-6 所示。

8.2.7   type="reset"重置

〈input type="reset" value="重置" /〉是一个点击后会重置表单内容的按钮。如图 8-7 所示。

图 8-6   图 8-7   图 8-8

8.2.8   type="button"按钮

〈input type="button" /〉是一个普通的按钮,它的值并不会提交,而是显示在按钮上。如果没有通过 JavaScript 给其添加操作,它将是个普通的可视元素。如图 8-8 所示。

8.2.9   textarea 多行文本输入框

多行文本输入框标签 textarea 是访问者自己输入内容的表单对象。它有行属性 rows 和列属性 cols,用法如下:

〈textarea rows="5" cols="20"〉〈/textarea〉

在实际工作中,通常都是给其设置一个 class 名,然后通过样式来设置宽高。常见的表现形式有微博输入栏等。

8.2.10   select & option 下拉选择框

```
〈select〉
    〈option value="北京"〉北京〈/option〉
    〈option value="上海"〉上海〈/option〉
    〈option value="芜湖"〉芜湖〈/option〉
〈/select〉
```

select 为下拉选择框,option 就是选择中的内容了,value 属性值并不会在浏览器显示,它只是作为提交数据的值。当表单被提交时,被选中选项的值将被发送。与复选框和单选按钮的预选属性 checked 一样,选项标签 option 也有一个预选属性 selected,它可以用在这样的格式中:

〈option value="北京" selected="selected"〉北京〈/option〉

8.3 综合案例

8.3.1 搜索条练习

几乎每个网站都会提供一种搜索机制,本案例是一个极简风格的搜索框练习,如图8-9所示。下面是本案例用到的 HTML 代码:

图 8-9

```
〈div class="seaArea"〉
    〈form id="search"〉
        〈input type="text" class="text" /〉
        〈input type="button" class="btn" /〉
    〈/form〉
〈/div〉
```

【代码分析】 最外层是一个 seaArea 区块,sea 是 search 搜索的缩写,Area 表示区域,seaArea 代表这是一个搜索区域。

在 seaArea 这个区块里有文本框 text 和按钮 btn 这两个元素,结构看起来很简单。

下面进行样式的编写。首先定义最外层区块 seaArea 的宽度并设置其居中,然后给 form 区域设置背景色和高度,以便于我们清楚地看到范围的大小。如图 8-10 所示。

```
*{ margin:0; padding:0;}
.seaArea{ width:500px; margin:20px auto;}         /*设置最外层区域宽度500像素,并居中*/
form{background:#0F0; height:34px;}               /*form区域背景色及高度*/
```

图 8-10

下面继续设置文本输入框区域 text 的样式:

```
.text{
    border:#db4a08 solid 2px;      /*设置文本框2像素橘色边框*/
    width:400px; height:30px;      /*设置文本框的宽度及高度*/
    line-height:30px;              /*设置文本框的行高*/
    padding-left:3px;              /*设置文本框的左间距为3像素,避免了文本紧贴左边框开
始*/
    }
```

form 的高度设置为 34 像素。由于文本框和父容器 form 区域等高,同时又设置了文本框的边框宽度为 2 像素,那么这里我们只需要设置文本框的高度为 30 像素即可。因为 30

像素的高,加上下的 2 像素的边框的高度,正好等于 34。效果如图 8-11 所示。

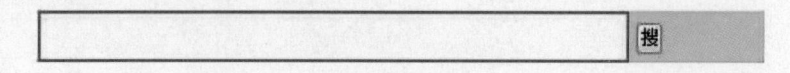

图 8-11

接着设置按钮样式,这里我们给按钮设置背景图:

```
.btn{
    width:74px; height:34px;              /* 设置按钮的宽高,已便于设置背景图 */
    border:0;                             /* 将按钮的默认边框设置为 0 */
    background:url(btn.gif) no-repeat;    /* 为按钮设置背景图 */
    cursor:pointer;                       /* 将按钮悬停的鼠标形状设置为手型 */
    }
```

我们需要认识一个新的 CSS 样式,那就是 cursor 属性。我们在按钮上应用此样式,定义当鼠标移到按钮上时变为手型。

cursor 属性规定要显示的光标的类型(形状)。其值有很多,比如 crosshair(十字线)、pointer(手型)、help(帮助)等等。在此我们只需要用到最常用的 pointer(手型)。

还有一点要注意:当我们利用设计的图片来作为按钮背景时,要在样式里加 border:0;清除默认的边框,否则会出现如图 8-12 所示效果。

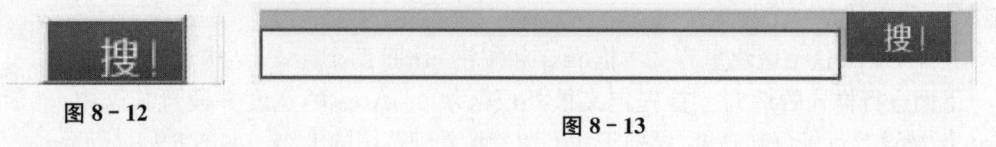

图 8-12

图 8-13

这时文本框出现了错位,如图 8-13 所示。若想这两个元素紧靠在一起,只要给它们添加浮动效果即可:

```
.text{ border:#db4a08 solid 2px; width:400px; height:30px; line-height:30px; padding-left:
3px; float:left;}
.btn{ width:74px; height:34px; border:0; background:url(btn.gif) no-repeat; cursor:pointer;
float:left;}
```

图 8-14

效果基本实现,如图 8-14 所示,下面将 form 的背景色注释掉即可。

8.3.2 简易登录

登录框也是网站常见功能,绝大部分网站都会用到。本例最终效果如图 8-15 所示。

用户登录框主要由文本输入框、密码输入框、验证码输入框和登录按钮等相关元素组成,每个网站根据实际需求决定登录框中需要用到的元素。以图 8-15 为例,这是一个简易的登录框,结构如下:

```
<div class="login">
    <h2>用户登录</h2>
    <form>
        <div class="dataArea">
            <label for="username">用户名:</label>
            <input type="text" id="username" />
        </div>
        <div class="dataArea">
            <label for="password">密 码:</label>
            <input type="password" id="password" />
        </div>
        <div class="dataArea">
            <label for="code">验证码:</label>
            <input type="text" id="code" />
            <img src="images/checkCode.gif" />
        </div>
        <div class="otherArea">
            <input type="checkbox" id="persistent" />
            <label for="persistent">记住密码</label>
        </div>
        <div class="subArea">
            <input type="submit" value="登录" class="btn" /><input type="reset" value="重
置" class="btn" />
        </div>
    </form>
</div>
```

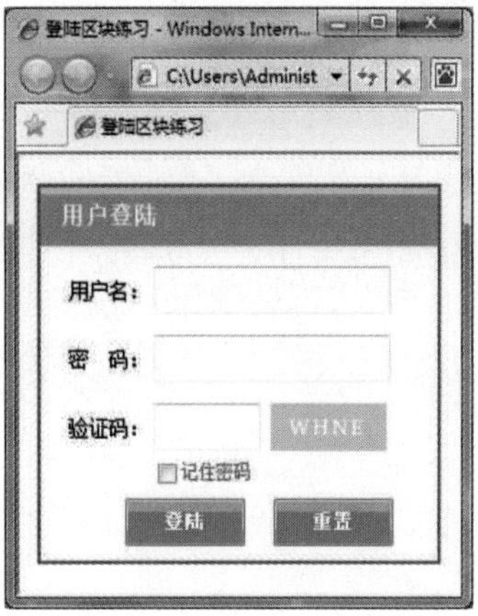

图 8 - 15

整个登录区域用类名为 login 的 div 包裹起来,便于后面的整体样式控制及布局。

```
<div class="login">
    ......
</div>
```

login 里面有两个元素,分别是 h2 和 form。h2 用于表示区块的标题部分,而表单内容全部包含在 form 里面。

form 里面采用了五组 div 来划分内容,他们分别是三个 dataArea、一个 otherArea 和一个 subArea。

```
<div class="login">
    <h2>用户登录</h2>
    <form>
        <div class="dataArea">
            ......
        </div>
```

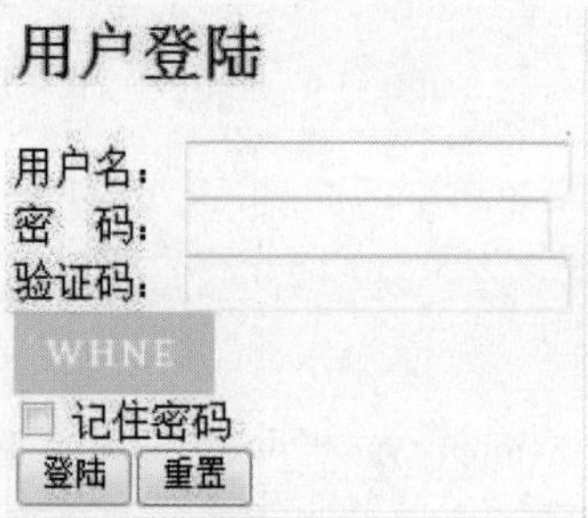

```
          〈div class="dataArea"〉
           ……
          〈/div〉
          〈div class="dataArea"〉
           ……
          〈/div〉
          〈div class="otherArea"〉
           ……
          〈/div〉
          〈div class="subArea"〉
           ……
          〈/div〉
       〈/form〉
     〈/div〉
```

用户登陆

用户名：
密　码：
验证码：

WHNE

☐ 记住密码
[登陆] [重置]

图 8 - 16

验证码部分，我们用一张图片占位即可。在没有任何样式的情况下，表现如图 8 - 16。

下面开始写样式，样式的编写一般都是由整体到局部。从大的容器开始写样式，然后逐步调整细节部分，正如画画从整体构图开始一样。这样做的好处是能更好地把握细节部分及整体调整。首先我们定义最外层区块 login 的样式：

```
* { margin:0; padding:0;}
.login{ width:278px; border:#186b07 solid 2px; margin:
20px auto;font-size:14px;}
```

整体设置为宽 278 像素，2 像素绿色边框。margin:20px auto;的作用是使区块上下空 20 像素，左右 auto 让其居中显示。同时整体定义 login 里的所有字体大小为 14px。

接下来设置标题 h2 的样式：

```
.login h2{ height:40px; font-size:16px; color:#FFF; line-height:40px;padding-left:15px;
    background: url(images/legend_bg.gif) repeat-x;
    margin-bottom:7px;
    }
```

设置标题的高度、行高、大小、颜色、背景图、下边距及左间距。此时的显示效果图 8 - 17 所示。

目前三个数据区域 dataArea 的上下之间还无间距，用户名（#username）、密码（#password）以及验证码（#code）三个输入框的高度及宽度还需要进一步设置。由于用户名和密码两个等长，因此它们两个一起进行群组设置，验证码单独设置：

```
.dataArea{padding:7px 20px;}
#username,#password{ width:160px; height:28px;line-height:28px; }
#code{ height:28px; width:70px; line-height:28px; }
```

目前效果如图 8 - 18 所示。

图 8 - 17

图 8 - 18

目前验证码的图片部分高于其他部分,我们要对图片设置样式来解决这个问题。首先我们要了解一个非常重要的样式 vertical-align,其可用的值有以下这些:

表 8 - 1   vertical-align 属性可用值

值	描　　　述
baseline	默认。元素放置在父元素的基线上
top	对象的内容与对象的顶端对齐
text-top	对象的文本与对象的顶端对齐
middle	对象的内容与对象中部对齐
bottom	对象内容与对象底部对齐
text-bottom	对象文本与对象底端对齐
length	数字或百分百。可为负数。定义由基线算起的偏移量

图 8 - 19 表明了 baseline 的含义:

图 8 - 19

图片与文字默认是以基线对齐的,通常我们希望是垂直居中对齐或顶端对齐。这时就需要用到 vertical-align 属性了。下面我们给图片设置样式:

```
.dataArea img{
    vertical-align:top;          /* 设置图片傍边的对象与之顶部对齐 */
    margin-left:3px;
    }
```

验证码图片部分解决，如图 8 - 20。接下来设置 otherArea 记住密码区域样式：

```
.otherArea{
    padding-left:83px;
    font-size:12px;
    color:#666;
    }
```

得到效果如图 8 - 21 所示效果。

图 8 - 20   图 8 - 21

有没有发现"记住密码"文字和复选框底部没有对齐？[记住密码]
利用刚刚学过的 vertical-align 属性给 #persistent 设置样式：

```
#persistent{vertical-align:middle;}          /*设置复选框旁边的文字与之垂直居中对齐*/
```

最后设置 subArea 区域的样式以及里面按钮 btn 的样式：

```
.subArea{ padding-left:50px; }
.btn{background:url(images/btn.gif) no-repeat;width:83px;height:32px; color:#FFF;
font-weight:bold; border:0; cursor:pointer;margin:10px; display:inline-block; }
```

至此本例完成。

8.3.3   简易评论

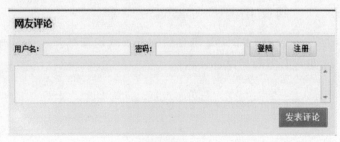

网友评论也是网站中常见的元素。本案例利用了文本框、密码框、多行文本栏及按钮元素。最终效果如图 8 - 22 所示。

图 8 - 22

```
<div class="review">
    <h2>网友评论</h2>
    <form>
        <label for="username">用户名:</label><input type="text" id="username" />
        <label for="password">密码:</label><input type="password" id="password" />
        <input type="submit" value="登录" class="btn" />
        <input type="button" value="注册" class="btn" />
        <textarea class="reCon"></textarea>
        <input type="button" value="发表评论" class="subBtn" />
    </form>
</div>
```

整体结构最外层采用了一个类名为 review 的 div 来包裹里面的 h2 标题及 form 内容。form 元素里从上到下依次用到了文本栏、密码栏、两个按钮、多行文本栏以及最后的提交按钮。

下面逐步进行样式设置,首先我们将整体最外层的 review 区块和里面的两个元素 h2 标题及 form 整体设置一下,具体样式代码如下:

```
* { margin:0; padding:0;}
.review{ width:560px; margin:20px;}
.review h2{ height:40px; line-height:40px;padding-left:10px; font-family:微软雅黑;
    font-size:16px;border-top:#C00 solid 2px; border-bottom:#CCC solid 1px;}
form{ background:#eee; padding:10px; font-size:12px;}
```

此时效果如图 8 - 23 所示。

图 8 - 23

下面接着设置文本栏、密码栏及登录注册按钮样式:

```
# username, # password{ width:150px; height:20px; border:# CCC solid 1px; margin-
right:5px;}
.btn{background:url(images/litBtn.gif); width:52px; height:24px; border:0; cursor:pointer;
margin-right:10px;}
```

样式中,由于文本栏和密码栏的表现是一样的,我们采用了群组的写法将它们一并定义。两个按钮的表现也是一样,因此我们在一开始写 html 代码时,就将它们两个定义成了统一的类 btn。这时的效果如图 8 - 24 所示。

下面我们继续设置多行文本栏的样式:

图 8 - 24

```
. reCon{
    width:99%;
    height:60px;
    border:#CCC solid 1px;
    margin:10px 0;
    }
```

这里我们设置了宽度为 99%、高度为 60、边框灰色、外边距上下为 10、左右为 0。效果如图 8 - 25 所示。

图 8 - 25

接着设置"发表评论"按钮样式：

```
. subBtn{
    background:url(images/btn. gif) no-repeat;
    width:83px; height:32px; border:0; color:#FFF;
    font-size:14px;font-weight:bold; cursor:pointer;
    margin:3px; float:right;
    }
```

为了让按钮靠右对齐,我们给按钮设置了 float:right;。但是会带来一点副作用,也就是脱离文档流,效果如下：

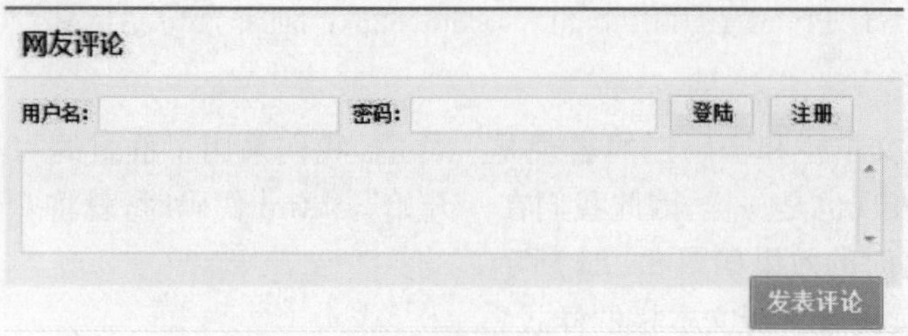

图 8 - 26

可见按钮跑出了灰色 form 区域。我们通过给父容器设置 overflow:hidden;属性来解决：

```
form{background:#eee; padding:10px; font-size:12px;
overflow:hidden;/*利用overflow:hidden;闭合浮动*/}
```

本例完成,效果如图 8 - 27 所示。

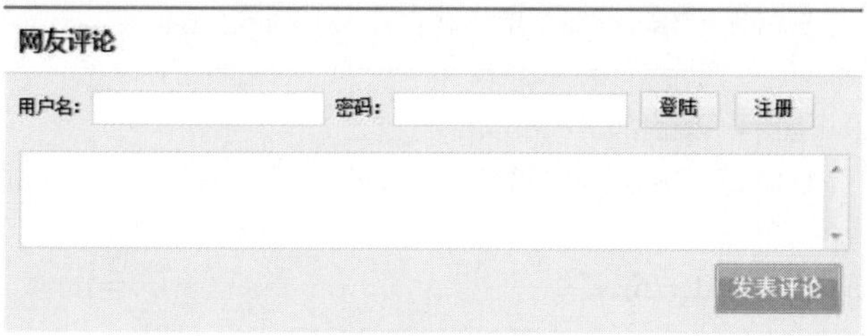

图 8 - 27

8.3.4　用户注册

各种表单的制作,万变不离其宗,再复杂的表单也是由那么几个控件组成。只要我们善于尝试和摸索,那么每种表单元素的特性都可以轻松掌握。

前面已经了解了搜索条、简易登录以及简易评论的制作,这几个结构都比较简单。下面我们就来学习结构稍微复杂一点的用户注册区块的制作。最终效果如图 8 - 28 所示。

图 8 - 28

在前几个例子中,我们并没有用 fieldset 来给表单分组,因为表单里内容比较少。当表单里的内容比较多时,我们可以利用 fieldset 来给表单分组。本例中,我们把内容按性质分放到了两个 fieldset 里面,每一组里有一个 legend 作为组的标题。同时把同意条款和按钮部分单独列出来。结构如下:

```
<div class="register">
    <h2>新用户注册<span>Register</span></h2>
    <form>
        <fieldset>
            <legend>登录信息</legend>
            <div class="dataArea">
                <label for="username">用户名:</label><input type="text" id="username" />
            </div>
            <div class="dataArea">
                <label for="password">密码:</label><input type="password" id="password" />
            </div>
            <div class="dataArea">
                <label for="passwordVerify">确认密码:</label><input type="password" id="
passwordVerify" />
            </div>
        </fieldset>
        <fieldset>
            <legend>联系资料</legend>
            <div class="dataArea">
                <label for="people">联系人:</label><input type="text" id="people" />
            </div>
            <div class="dataArea">
                <label for="phone">手机:</label><input type="text" id="phone" />
            </div>
            <div class="dataArea">
                <label for="mail">E-mail:</label><input type="text" id="mail" />
            </div>
        </fieldset>

        <div class="otherArea">
            <input type="checkbox" id="persistent" />
            <label for="persistent">我已阅读并接受用户注册条款</label>
        </div>
        <div class="subArea">
            <input type="submit" value="提交注册" class="btn" />
        </div>
    </form>
</div>
```

【代码分析】 结构中所有的数据填写区域都用相同类名为 dataArea 的 div 表示,同意条款部分放到了 otherArea 里,提交注册部分放到了 subArea 里面。

在没有任何样式的情况下,表现如图 8 - 29 所示。

图 8 - 29

　　下面进行样式的编写,整体的样式定义主要包括整个注册表单的整体宽度以及 h2 标题部分和 form 的整体定义。

　　首先设置最外层区域 register 和里面的 h2 标题部分以及整体 form 部分。

```css
* { margin:0; padding:0;}
. register{
    width:500px;                    /* 设置整体宽度为 500 像素 */
    border:#6faa05 solid 1px;       /* 设置绿色一像素边框 */
    margin:20px auto;               /* 设置其居中 */
    }
. register h2{
    background:url(images/h2bg. gif) repeat-x;    /* 设置背景图并横向平铺 */
    height:34px;                    /* 设置高度为 34 像素 */
    line-height:34px;               /* 设置行高为 34 像素 */
    padding-left:20px;              /* 设置左间距为 20 像素 */
    font-size:16px;                 /* 设置字体大小为 16 像素 */
    color:#FFF;                     /* 设置文字颜色为白色 */
    }
. register h2 span{
    color:#b8e657;                  /* 设置标题里 span 的文字颜色为绿色 */
    font-size:12px;                 /* 设置字体大小为 12 像素 */
    font-family:Arial;              /* 设置字体为 arial */
    font-style:italic;              /* 设置字体样式为斜体 */
    margin-left:7px;                /* 设置左边距为 7 像素 */
    }
form{
    padding:15px;                   /* 设置整体 form 的 padding 值为 15 像素,使其四边整体向
内空 15px */
    font-size:12px;                 /* 设置 form 整体的字体大小为 12 像素 */
    color:#666;                     /* 颜色为灰色 */
    }
```

这时效果如下图 8 - 30 所示：

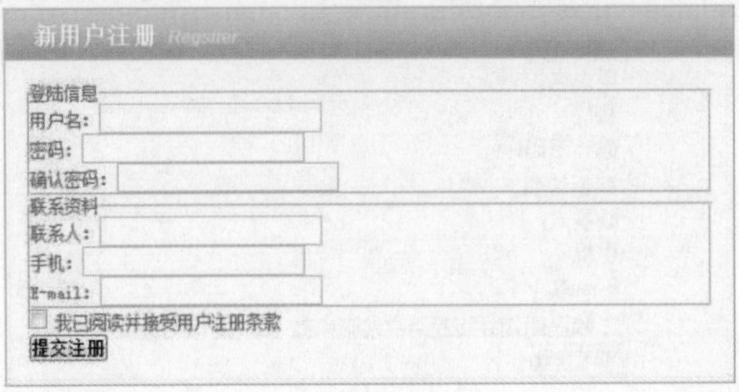

图 8 - 30

目前,整体父容器已经设置完毕,下面我们对 form 内的 fieldset 表单的分组以及组内标题 legend 进行设置:

```
fieldset{
    border:0;                        /*将分组的默认边框设置为 0*/
    border-top:#ccc solid 1px;       /*然后重新设置分组标签的上边框为灰色 1 像素的实线*/
    padding:10px 20px;               /*并设置组内的上下内间距为 10 像素左右为 20 像素*/
    }
legend{
    padding:0 10px;                  /*设置组内标题的内间距为上下为 0 左右为 10*/
    font-weight:bold;                /*设置组内标题的文字为粗体*/
    font-size:14px;                  /*字体大小为 14 像素*/
    color:#666;                      /*颜色为灰色*/
    }
```

表单的分组标签 fieldset 默认表现为一个灰色边框,如不需要可将其隐藏,需要部分的边框线可以单独定义。这里只需要一条上边框线,因此,我们在样式中首先将边框去除设置 border:0;然后重新定义上边框样式。

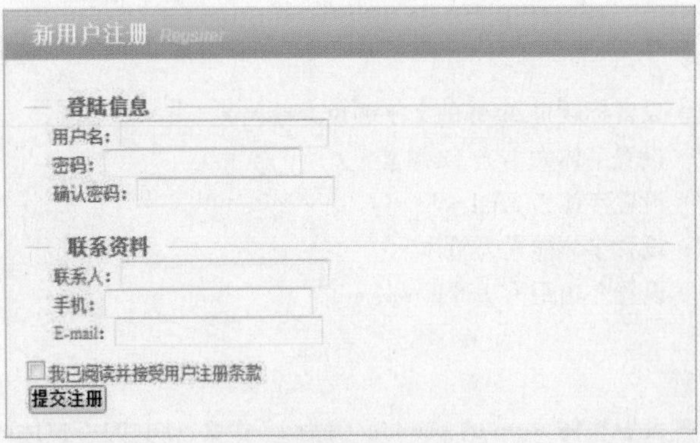

在定义整体样式时,由于整体通配符 *{margin:0;padding:0;}导致表单分组内的标题 legend 标签中的文字紧挨分组边框,因此我们利用了 padding:0 10px;使其上下为 0,左右为 10。

这时效果如图 8 - 31 所示。

下面我们还需要给每一个 dataArea 数据区域部分设置统一的

图 8 - 31

内部间距,增加每组 dataArea 数据区域的空间感。

```
.dataArea{ padding:5px;        /*给 dataArea 区域设置内距离,增加每组之间的空间感*/ }
```

由于 label 内的文字"用户名""密码"等有长有短,为了让它们排列得更好看,我们把文字都设置为靠右对齐。这里需要把 dataArea 下的所有的 label 的宽度都设置为一样长。我们设置为 80px,并给 label 设置 text-align:right;。同时还要设置 float:left;。因为 label 是内联元素,也就是行元素,而行元素直接定义宽度是没有效果的。这时,用 float 属性让label 变成块元素,同时能与后面的元素保持在同一行。

```
. dataArea label{
    width:80px;                 /*设置所有 label 区域的宽度为 80*/
    float:left;                 /*设置 label 左浮动,使得 label 转区块并使后面的 input 元素
与之在同一行*/
    text-align:right;           /*设置 label 区域内的文字右对齐,以达到整齐的效果*/
    line-height:22px;           /*设置文字好高为 22*/
    }
```

由于所有输入区域的宽高尺寸等样式都是一样的,因此我们直接定义. dataArea input:

```
. dataArea input{
    width:200px;                /*设置全部 input 输入区域宽度统一为 200*/
    height:20px;                /*设置全部 input 输入区域的高度统一为 20*/
    line-height:20px;           /*设置全部 input 输入区域的行高为 20*/
    border:#CCC solid 1px;      /*设置全部 input 输入区域统一的边框*/
    }
```

经过以上 CSS 样式的设置,目前在浏览器中的显示如图 8 – 32 所示。

图 8 – 32

剩下的阅读条款和提交注册按钮部分的设置,和简易登录案例部分的设置差不多。具体样式如下:

```
.otherArea{ padding-left:105px;    /*设置阅读条款区域的左间距为 105,已达到对齐的目的 */}
#persistent{
    vertical-align:top;          /*给复选框设置垂直对齐为顶部对齐,使得文字和复选框对齐 */
    }
.subArea{
    padding-left:105px;          /*设置提交注册区域的左间距为 105 同样为了和所有的输入框左边
对齐 */
    margin-top:10px;             /*并设置离上部距离为 10 拉开空间感 */
    }
.btn{
    background:url(images/btn.gif) no-repeat;    /*给按钮设置背景图 */
    width:109px;
    height:25px;
    border:0;                    /*设置按钮的边框为 0,清除默认边框 */
    cursor:pointer;              /*设置鼠标形状为手型 */
    color:#FFF;                  /*颜色为白色 */
    font-weight:bold;            /*字体为加粗 */
    }
```

本案例完成,如图 8-33 所示。

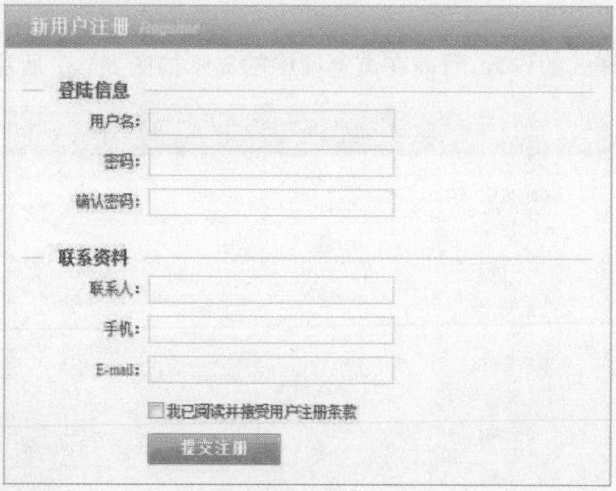

图 8-33

8.3.5 调查问卷

复选框与单选框还有一种常见的表现形式就是调查问卷。

我们可以利用 fieldset 来给调查问卷分组,每一个问题放到一组 fieldset 里面。fieldset 的第一个 legend 标签可以用来表示调查问卷的题目。

在下面这个案例中,我们设置每一组显示下边框为虚线,从而实现每一个问题下面分割线的虚线效果。我们用 label 包裹每个选项,这样既有利于控制宽度,又可以让单选框与文字关联,单击文字同样可以选中选项。

　　具体效果如图 8-34 所示。

图 8-34

```
〈div class="questionnaire"〉
    〈h2〉问卷调查〈span〉Questionnaire 〈/span〉〈/h2〉
    〈form〉
    〈fieldset〉
        〈legend〉1、第一届奥运会是哪一年举行的? 〈/legend〉
        〈label〉〈input type="radio" name="year" /〉1896 年〈/label〉
        〈label〉〈input type="radio" name="year" /〉1900 年〈/label〉
        〈label〉〈input type="radio" name="year" /〉1994 年〈/label〉
    〈/fieldset〉
    〈fieldset〉
        〈legend〉2、北京申办 2008 年奥运会的主题是什么? 〈/legend〉
        〈label〉〈input type="radio" name="zt" /〉新北京,新奥运〈/label〉
        〈label〉〈input type="radio" name="zt" /〉人文奥运,绿色奥运〈/label〉
        〈label〉〈input type="radio" name="zt" /〉同一个世界,同一个梦想〈/label〉
    〈/fieldset〉
    〈fieldset〉
        〈legend〉3、普通人健身运动的强度最常用的评价指标是〈/legend〉
        〈label〉〈input type="radio" name="zb" /〉呼吸频率〈/label〉
        〈label〉〈input type="radio" name="zb" /〉心率〈/label〉
        〈label〉〈input type="radio" name="zb" /〉出汗程度〈/label〉
    〈/fieldset〉
    〈fieldset〉
```

```
        <legend>4、您对健康的理解是？</legend>
            <label><input type="radio" name="lj" />身体无疾病或伤残</label>
            <label><input type="radio" name="lj" />精神心理正常</label>
            <label><input type="radio" name="lj" />能适应社会的发展</label>
        </fieldset>
        <fieldset>
            <legend>5、您认为健康体检多久一次合适？</legend>
            <label><input type="radio" name="jc" />半年一次</label>
            <label><input type="radio" name="jc" />一年一次</label>
            <label><input type="radio" name="jc" />3至5年一次</label>
        </fieldset>
        <fieldset>
            <legend>6、如果感觉身体不适，您会选择？</legend>
            <label><input type="radio" name="bs" />听之任之</label>
            <label><input type="radio" name="bs" />自己买药吃</label>
            <label><input type="radio" name="bs" />去医院就诊</label>
        </fieldset>
        <div class="subArea">
            <input type="submit" value="提交答卷" class="btn" />
        </div>
    </form>
</div>
```

【代码分析】 本案例中全部是单选框，也就是说每一个问题只能选中一个答案。这里就必须要利用 name 属性来给每一组问题进行分组。

上例中，单个组里的 name 属性都相同，这样在本组中就只能选中一个选项。而本例中，每一组中的 name 属性都不同，从而避免了组与组之间冲突。

这里我们将单选框与文字放到了 label 里面，既起到了关联作用，同时也可以将 label 这层元素看做一个容器，利用 label 进行布局。

同样，在没有任何样式的情况下，html 默认样式表现依然很清晰。此时效果如图 8 - 35 所示。

下面进行样式的编写，同样从外到内，从整体到局部。整体的最外层 questionnaire 区域样式和上一个案例中的用户注册是一样的。

从最外层区域 questionnaire 和里面的 h2 标题部分以及整体 form 部分开始写样式，具体样式代码：

图 8 - 35

```
*{ margin:0; padding:0;}
.questionnaire{width:520px;border:#6faa05 solid 1px;margin:20px auto; }
.questionnaire h2{
    background:url(images/h2bg.gif) repeat-x;
    height:34px;
    line-height:34px;
    padding-left:20px;
    font-size:16px;
    color:#FFF;
    }
.questionnaire h2 span{
    color:#b8e657;
    font-size:12px;
    font-family:Arial, Helvetica, sans-serif;
    font-style:italic;
    margin-left:7px;
    }
form{
    padding:15px;
    font-size:12px;
    }
```

大的区域和上例基本一样,目前效果如下图8-36所示。

图 8-36

接着对调查问卷中的组及里面的元素进行设置:

```
fieldset{
    border:0;                        /* 清除表单分组默认的边框 */
    border-bottom:#999 dashed 1px;   /* 重定义表单边框,这里只设置其上边框 */
    padding:10px 0;                  /* 设置表单组的内边距上下为10左右为0 */
}
legend{
    font-weight:bold;                /* 设置表单组内标题文字为加粗 */
    color:#333;                      /* 设置颜色为灰色 */
    line-height:30px;                /* 行高30 */
}
label{
    width:150px; float:left;         /* 这里给label进行宽度的设定达到对齐的目的,同
时设置左
                                        浮动将内联元素转成块元素使得设定的宽度可以
生效 */
}
input{
    vertical-align:-2px;             /* 利用垂直对齐vertical-align对齐文字与单选框 */
    _vertical-align:0;               /* 兼容IE6 */
    margin-right:3px;                /* 使单选框和文字之间拉开点距离 */
}
```

整体设置基本完成,目前效果如图 8-37 所示。

图 8-37

最后设置提交答卷区域样式:

```
.subArea{
    text-align:center;              /*设置按钮居中显示*/
    margin-top:10px;
    }
.btn{
    background:url(images/btn.gif) no-repeat;
    width:109px;
    height:25px;
    border:0;
    cursor:pointer;
    color:#FFF;
    font-weight:bold;
    }
```

本例完成。

第9章 多 媒 体

早期的网页大多是由文字或图像构成的。网页多媒体的出现,丰富了人们的上网体验。如今,人们可以在线听音乐、看电影、看直播节目、看新闻等等。本章开始学习各种多媒体元素的插入方法。

9.1 基本语法

网页中可以播放的多媒体文件有很多,如 flash、MP3、wmv 等,其语法用 embed 表示。

语法:〈embed src=″url″〉

示例代码中的 url 代表多媒体文件的路径。

9.2 参数设置

〈embed〉标记的参数非常多,参数不同,对多媒体文件的控制也不同。例如有控制是否自动播放的 autostart、控制是否循环的 loop 等。下面我们就来了解〈embed〉标记下的各种参数。

9.2.1 自动播放

语法:autostart=true、false。
说明:该属性规定音频或视频文件是否在网页载入后就自动播放。
true:音乐文件在下载完之后自动播放。
false:音乐文件在下载完之后不自动播放。
示例:

〈embed src=″my. wmv″ autostart=true〉
〈embed src=″my. wmv″ autostart=false〉

9.2.2 循环播放

语法:loop=正整数、true、false。
说明:该属性规定音频或视频文件是否循环及循环次数。
属性值为正整数值时,音频或视频文件的循环次数与正整数值相同。
属性值为 true 时,音频或视频文件循环。
属性值为 false 时,音频或视频文件不循环。
示例:

〈embed src=″my. wmv″ autostart=true loop=2〉
〈embed src=″my. wmv″ autostart=true loop=true〉
〈embed src=″my. wmv″ autostart=true loop=false〉

9.2.3　面板显示

语法：hidden＝ture、no。

说明：该属性规定控制面板是否显示，默认值为 no。

ture：隐藏面板。

no：显示面板。

示例：

```
〈embed src="my. wmv" hidden＝ture〉
〈embed src="my. wmv" hidden＝no〉
```

9.2.4　容器属性

语法：height＝ number width＝ number。

说明：取值为正整数或百分数，单位为像素。该属性规定控制面板的高度和宽度。

height：控制面板的高度。

width：控制面板的宽度。

示例：

```
〈embed src="my. wmv" height＝200 width＝200〉
```

9.2.5　外观设置

语法：controls＝console、smallconsole。

说明：该属性规定控制面板的外观。默认值是 console。

console：一般正常面板。

smallconsole：较小的面板。

示例：

```
〈embed src="my. wmv" controls＝smallconsole〉
〈embed src="my. wmv" controls＝volumelever〉
```

9.3　在网页中播放 FLASH 动画

语法：〈embed src="star. swf" width="400" height="200" wmode="transparent"〉〈/embed〉

属性	值	说明
src	url	flash 路径
width	像素/百分比	flash 宽度
height	像素/百分比	flash 高度
wmode	transparent	使 flash 背景透明

我们将 flash 文件和网页文件放在同一个文件夹内，在页面中输入以下两段代码：

```
〈embed src="mov. swf" width="300" height="250"〉〈/embed〉
〈embed src="mov. swf" width="300" height="250" wmode="transparent"〉〈/embed〉
```

代码中我们第一个没有用 wmode 属性,而第二个添加了 wmode＝"transparent"属性,在浏览器中查看效果如图 9－1 所示。

图 9－1

通过图 9－1 我们可以看到,第一个保留了红色的背景,而第二个 flash 的背景变成了透明效果。

在页面中如果想让 flash 背景透明,我们可以利用 wmode＝"transparent"属性给 flash设置。

9.4　MP3 音频的插入

我们在本章开头讲述了插入多媒体文件的基本语法为〈embed src＝"url"〉,MP3 同样也适用于这种语法。

将 MP3 音频文件和页面保存在同一文件夹,把以下代码输入到页面中:

```
〈embed src="sun. mp3"〉〈/embed〉
```

图 9－2

在这里要说明一下无论是音频还是视频,其播放界面效果是根据浏览器以及系统的不同来显示的。上例中在 IE 中显示的效果如图 9－2 所示。

在 360 浏览器或谷歌浏览器中显示的效果如图 9－3 所示。

如果你的电脑安装了 QuickTime 播放器的话,那么你预览的效果可能是这样,如图9－4 所示。

图 9－3

图 9－4

同样我们也可以利用 autostart 来设置是否自动播放:

```
<embed src="music.mp3" autostart="false"></embed>不自动播放
<embed src="music.mp3" autostart="true"></embed>自动播放
```

9.5　视频的插入

视频文件最好按照其原始尺寸来设置宽高,或者按照比例来设置,否则会变形。例如我们在页面中输入以下代码并浏览测试:

```
<embed src="cxf.wmv" width="352" height="288" autostart="false" />
```

得到的效果,如图 9-5 所示。

图 9-5

在实际工作中,视频文件或者音频文件基本都是出现在页面的某个区域。这时,我们就需要利用 div 来进行包裹并布局,例如:

```
<div class="video">
    <embed src="cxf.wmv" width="352" height="288" autostart="false" />
</div>
```

9.6　网络流媒体视频的插入

如今的各大视频类网站如优酷、乐视、土豆等,都会提供分享功能。如果你想将喜欢的视频放置到自己的页面中,那么可以在主流视频网站找到"分享",复制 html 代码,直接粘贴即可。以下是乐视网站的分享区域代码,分别是地址、html 代码及 flash 地址,如图 9-6 所示。

我们找到 html 代码部分,直接点击复制后在我们的页面中粘贴即可。我们点击复制并在页面中粘贴,会看到如下代码:

〈object width＝″541″ height＝″450″〉〈param name＝″allowFullScreen″ value＝″true″〉〈param name ＝″flashVars″ value＝″id=2188444″ /〉〈param name＝″movie″ value＝″http：//i7. imgs. letv. com/player/ swfPlayer. swf? autoplay=0″ /〉〈embed src＝″http：//i7. imgs. letv. com/player/swfPlayer. swf? auto- play=0″ flashVars＝″id=2188444″ width＝″541″ height＝″450″ allowFullScreen＝″true″ type＝″applica- tion/x-shockwave-flash″ /〉〈/object〉

我们可以手动更改部分代码如宽度、高度等。在浏览器中预览便可看到视频，如图 9-7 所示。

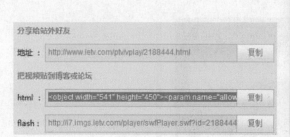

图 9-6　　　　　　　　　　　　　　　　　　　　图 9-7

9.7　flv 文件的插入

flv 文件比较特殊，需要有一个播放文件和以下代码：

〈embed src＝″flvplayer. swf″ width＝″400″ height＝″300″ type＝″application/x-shockwave-flash″ pluginspage＝″http：//www. macromedia. com/go/getflashplayer″ flashvars＝″vcastr_file=1234. flv″ /〉 〈/embed〉

type＝″application/x-shockwave-flash″表示类型为 flash。

pluginspage＝″http：//www. macromedia. com/go/getflashplayer″中 pluginspage 的作 用是用来标识 Flash Player 插件的位置，以便在尚未安装该插件时，用户可以下载它。

必须有 flvplayer. swf 文件提供播放支持。

第10章 表 格

在 Web 标准中,表格是用于呈现多维数据时才会用到的标签。本章将详细讲解表格及其相关元素的属性和应用。

10.1 表格的基本格式

```
〈table border="1"〉
  〈tr〉
    〈th〉姓名〈/th〉
    〈th〉学号〈/th〉
    〈th〉电话〈/th〉
  〈/tr〉
  〈tr〉
    〈td〉王侯楚〈/td〉
    〈td〉00001〈/td〉
    〈td〉1301234567〈/td〉
  〈/tr〉
  〈tr〉
    〈td〉王谢言〈/td〉
    〈td〉00002〈/td〉
    〈td〉1311234567〈/td〉
  〈/tr〉
  〈tr〉
    〈td〉付子豪〈/td〉
    〈td〉00003〈/td〉
    〈td〉1321234567〈/td〉
  〈/tr〉
〈/table〉
```

姓名	学号	电话
王侯楚	00001	1301234567
王谢言	00002	1311234567
付子豪	00003	1321234567

图 10-1

效果如图 10-1 所示。

代码中 table 用来声明表格,tr 用来设置表格的行,th 用来设置标题栏位,td 用来设置数据栏位。为了显示清晰,我们给 table 添加了一个 border 属性。

table 中〈tr〉、〈th〉、〈td〉是最常用的三个元素,th 有时可以省略。

10.2　表格所有元素

表 10 - 1

标　　签	释　　义
〈table〉	表格标签
〈caption〉	表格标题
〈thead〉	表头
〈tbody〉	表体
〈tfoot〉	表尾
〈tr〉	行
〈th〉	标题栏位
〈td〉	数据栏位
〈col〉	一列
〈colgroup〉	一组列

10.3　拆分与合并单元格

属性名称	属性值	说明
colspan	数字	向两边扩展栏位
rowspan	数字	向下扩展栏位

例如,我们将开始那里的最后一行的前两列合并成一列,可以这样写:

```
〈tr〉
    〈td colspan="2"〉王侯楚 00001〈/td〉
    〈td〉1321234567〈/td〉
〈/tr〉
```

关于表格的合并操作,在 dreamweaver 设计视图里操作会更方便些。在设计视图直接选中要合并的表格,然后右键选中"合并单元格"即可。

10.4　表格的结构化

我们可以把表格结构化为三个部分:表头、表主体和表尾。表头和表尾类似于文字文档中的页眉和页脚,它们在每一页中保持相同的内容,而表主体是表的主要内容。我们可以将表格的整体分成如下三部分:

```
〈table〉
    〈thead〉〈/thead〉          表头
    〈tbody〉〈/tbody〉          表体
    〈tfoot〉〈/tfoot〉          表尾
〈/table〉
```

针对以上内容进一步划分：

```
〈table border="1"〉
    〈thead〉
        〈tr〉
            〈th〉姓名〈/th〉〈th〉语文〈/th〉〈th〉数学〈/th〉〈th〉总分〈/th〉
        〈/tr〉
    〈/thead〉
    〈tbody〉
        〈tr〉
            〈td〉王侯楚〈/td〉〈td〉95〈/td〉〈td〉100〈/td〉〈td〉195〈/td〉
        〈/tr〉
        〈tr〉
            〈td〉王谢言〈/td〉〈td〉90〈/td〉〈td〉92〈/td〉〈td〉182〈/td〉
        〈/tr〉
        〈tr〉
            〈td〉付子豪〈/td〉〈td〉87〈/td〉〈td〉90〈/td〉〈td〉177〈/td〉
        〈/tr〉
    〈/tbody〉
    〈tfoot〉
        〈tr〉
            〈td〉总分〈/td〉〈td〉272〈/td〉〈td〉282〈/td〉〈td〉554〈/td〉
        〈/tr〉
    〈/tfoot〉
〈/table〉
```

效果如图 10-2 所示。

表格结构化之后，对表格的操作有了更多的可能。例如，我们给上面的结构添加如下样式：

```
*{margin:0; padding:0;}
table{border-collapse:collapse; border:#000 solid 1px; margin:20px; font-size:12px;}
tr,th,td{ border:#000 solid 1px; padding:5px 20px;}
thead{ background:#3b3b3b; color:#FFF;}
tbody{ background:#f1f1f1;}
tfoot{ background:#4bba99; color:#FFF;}
```

效果如图 10-3 所示。

图 10-2

图 10-3

10.5　表格的直列化〈colgroup〉…〈/colgroup〉

属性名称	属性值	说明
align	left	居左
	center	居中
	right	居右
valign	top	居上
	middle	居中
	bottom	居靠下
span	数字	直列数目
bgcolor	颜色	
width	像素/百分比	宽度

看下面一个小例子,利用上面的结构,我们在 table 标签下添加一行代码:

〈table〉

　　〈colgroup span="1" bgcolor="#4bba99"〉〈/colgroup〉

样式只保留

table{border-collapse:collapse; border:#000 solid 1px; margin:20px; font-size:12px;}
tr,th,td{ border:#000 solid 1px; padding:5px 20px;}

得到效果如图 10-4 所示。

我们发现表格的第一列变成了我们设置的颜色。如果将 span 里的数值改成 2,得到效果如图 10-5 所示。可见,span 里的数字,决定了要直列的数目。

姓名	语文	数学	总分
王侯楚	95	100	195
王谢言	90	92	182
付子豪	87	90	177
总分	272	282	554

图 10-4

姓名	语文	数学	总分
王侯楚	95	100	195
王谢言	90	92	182
付子豪	87	90	177
总分	272	282	554

图 10-5

个别直列设置

格式:〈col〉功能完全和〈colgroup〉一样。

如果我们只想让第二列的颜色变成我们要设置的颜色,可以这样,在 table 下面添加如下代码:

〈table〉

　　〈col span="1"〉〈/col〉

　　〈col bgcolor="#4bba99"〉〈/col〉

得到效果如图 10-6 所示。

这时,如果我们把 span 里的数字改成2,得到效果如图 10-7 所示。

姓名	语文	数学	总分
王侯楚	95	100	195
王谢言	90	92	182
付子豪	87	90	177
总分	272	282	554

姓名	语文	数学	总分
王侯楚	95	100	195
王谢言	90	92	182
付子豪	87	90	177
总分	272	282	554

图 10-6　　　　　　　　　　　　　　　　图 10-7

我们发现,前两列空了出来,第三列变成了我们设置的颜色。这时 span 里的数字是几,就代表前几列。

10.6　表格的标题

```
〈table〉
    〈caption〉….〈/caption〉
〈/table〉
```

〈caption〉下的属性值有:

属性名称	属性值	说明
align	top	标题在表格上方
	bottom	标题在表格下方

还是利用上面表格的结构,我们给它加个标题:

```
〈table〉
    〈caption〉一年级小朋友成绩表〈/caption〉
    〈thead〉
        〈tr〉
            〈th〉姓名〈/th〉〈th〉语文〈/th〉〈th〉数学〈/th〉〈th〉总分〈/th〉
        〈/tr〉
    〈/thead〉
    〈tbody〉
        〈tr〉
            〈td〉王侯楚〈/td〉〈td〉95〈/td〉〈td〉100〈/td〉〈td〉195〈/td〉
        〈/tr〉
        〈tr〉
            〈td〉王谢言〈/td〉〈td〉90〈/td〉〈td〉92〈/td〉〈td〉182〈/td〉
        〈/tr〉
        〈tr〉
            〈td〉付子豪〈/td〉〈td〉87〈/td〉〈td〉90〈/td〉〈td〉177〈/td〉
        〈/tr〉
    〈/tbody〉
```

```
        〈tfoot〉
            〈tr〉
            〈td〉总分〈/td〉〈td〉272〈/td〉〈td〉282〈/td〉〈td〉554〈/td〉
            〈/tr〉
        〈/tfoot〉
    〈/table〉
```

我们给标题设置样式：

```
table{border-collapse:collapse; border:#000 solid 1px; margin:20px; font-size:12px;}
tr,th,td{ border:#000 solid 1px; padding:5px 20px;}
caption{ font-size:16px; font-weight:bold;line-height:40px;}
```

一年级小朋友成绩表

姓名	语文	数学	总分
王侯楚	95	100	195
王湘言	90	92	182
付子豪	87	90	177
总分	272	282	554

图 10 - 8

得到效果如图 10 - 8 所示。

表格的标题 caption 默认是居中显示。我们可以在样式里利用 text-align 来设置其对齐方式。

10.7 综合练习：金牌 top5

金牌TOP5

排名	国家	金	银	铜	总计
1	中国	17	9	4	30
2	美国	12	8	9	29
3	韩国	6	2	4	12
4	法国	5	3	5	13
5	朝鲜	4	0	1	5

图 10 - 9

如图 10 - 9 所示，是本案例的最终效果。

```
〈table〉
    〈caption〉金牌 TOP5〈/caption〉
    〈thead〉
        〈tr〉〈th〉排名〈/th〉〈th〉国家〈/th〉〈th〉金〈/th〉〈th〉银〈/td〉〈th〉铜〈/th〉〈th〉总计〈/th〉〈/tr〉
    〈/thead〉
    〈tbody〉
    〈tr〉
```

```
        <td>1</td><td><a href="#">中国</a></td><td>17</td><td>9</td><td>4</td><td>30</td>
      </tr>
      <tr>
        <td>2</td><td><a href="#">美国</a></td><td>12</td><td>8</td><td>9</td><td>29</td>
      </tr>
      <tr>
        <td>3</td><td><a href="#">韩国</a></td><td>6</td><td>2</td><td>4</td><td>12</td>
      </tr>
      <tr>
        <td>4</td><td><a href="#">法国</a></td><td>5</td><td>3</td><td>5</td><td>13</td>
      </tr>
      <tr>
        <td>5</td><td><a href="#">朝鲜</a></td><td>4</td><td>0</td><td>1</td><td>5</td>
      </tr>
    </tbody>
</table>
```

由于利用了表格的标题 caption、表格的表头 thead 以及表体 tbody,我们在写样式的时候就很容易控制各个元素的呈现方式。

下面我们从整体开始设置,首先设置表格 table 以及表格标题 caption 样式:

```
table{
    width:248px;
    margin:20px;
    border-collapse:collapse;          /*设置表格相邻边框合并*/
    font-size:12px;
    text-align:center;                 /*设置表格内所有元素居中显示*/
    font-family:Arial;
    }
table caption{
    background:url(images/captionBg.gif) no-repeat;        /*设置表格标题背景*/
    height:30px; color:#FFF; line-height:30px; font-size:14px;
    text-align:left;
    padding-left:10px;
    font-weight:bold;
    border:#0cbaff solid 1px;          /*设置表格标题区域边框为蓝色*/
    }
```

以上设置完成后,表现为下图 10-10 所示:

下面继续写表格头部 thead 以及表头 th 样式:

```
thead{
    border: #a1d3ff solid 1px;          /* 设置表格头部边框为浅蓝色 */
    background: #d2e9f6;                 /* 设置表格头部背景色为灰蓝色 */
    }
th{
    height:27px;                         /* 设置表头高度 */
    font-weight:normal;                  /* 设置表头字体粗细为正常 */
    }
```

效果如图 10-11 所示：

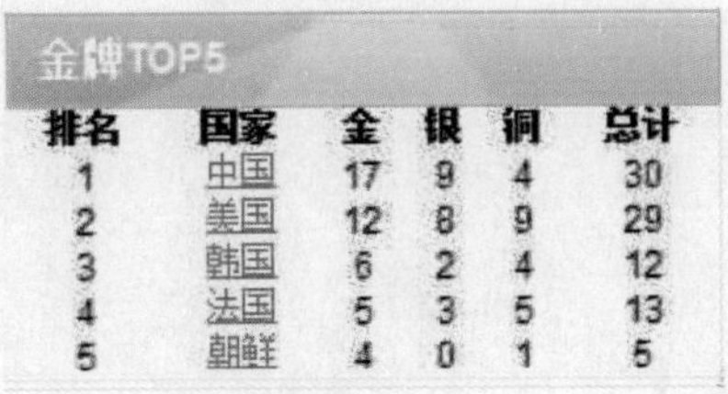

图 10-10   图 10-11

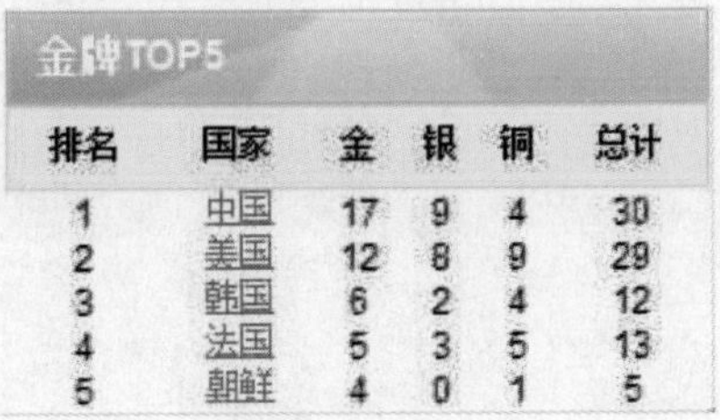

下面接着写表体、表体下的单元格以及单元格里的 a 链接的样式：

```
tbody{
    border: #CCC solid 1px;              /* 设置表体为灰色边框 */
    }
td{
    border-bottom: #CCC dotted 1px;      /* 设置表格单元格下边框为灰色点线 */
    line-height:25px;
    }
td a{
    text-decoration:none;
    color: #06C;
    }
```

效果如图 10-12 所示。

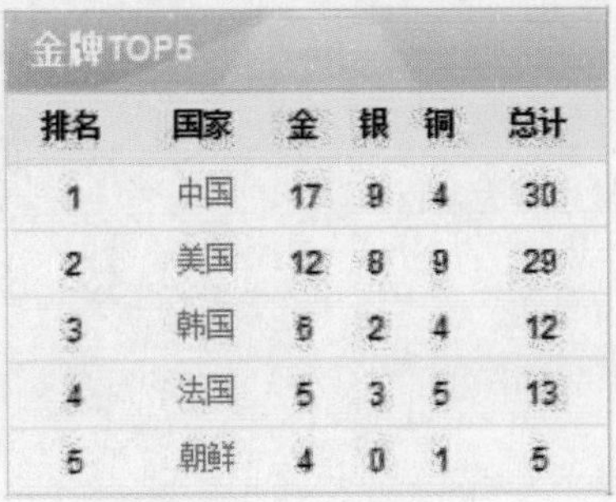

在样式中，我们定义了表格单元 td 的下边框为灰色的点线，实现了每一行只显示下边框为点线的效果。

图 10-12

第 11 章　jQuery 特效

对于没有任何编程基础的同学来说,如果为了页面上一个简单的倒计时效果而去花费大量的时间和精力学习 javascript,无疑是一个巨大而又浩瀚的工程。

JQuery 是一套 JavaScript 库,使用它,可以很方便地进行 JavaScript 的编程。其基本设计和主要用法就是选择某个网页元素,然后对其进行某种操作,比如获取页面元素,修改页面元素的 CSS 样式等。使用 JQuery 可以节省代码行数,减少开发的时间。

11.1　如何获取和使用

jQuery 的官方网址是 http://jquery.com/。从这里可以获取 jQuery 的最新版本。如图 11-1。

图 11-1

使用方法是导入这份 js 文件。导入方式是在页面的 head 部分通过〈script〉标签导入。

```
〈head〉
    〈script type="text/javascript" src="jquery.js"〉〈/script〉
〈/head〉
```

导入以上的 js 库之后,就可以使用 JQuery 的语法了。

因为 JQuery 其实就是使用一些 js 的函数来操作 HTML 元素,所以需要在页面完全加载之后运行。

JQuery 的文档就绪函数是:

```
$(document).ready(function(){
    ----代码部分----
});
```

以上代码可以简写为

```
$ (function(){
    ----代码部分----
});
```

11.2　JQuery 选择器

稍微了解 JavaScript 语言的同学都知道,我们要想获取页面元素基本上都会使用:

```
document.getElmentById("");
document.getElmentsByName("");
document.getElmentsByTagName("");
```

在 JQuery 中获取页面元素就比较简单了,主要有以下方式。双斜杠"//"是 JS 的注释。

11.2.1　元素选择器

```
$ ("span")              //选取 〈span〉元素
$ ("p.intro")           //选取所有 class="intro" 的 〈p〉元素
$ ("p#demo")            //选取 id="demo" 的〈p〉元素
```

11.2.2　CSS 选择器

```
$ (document)            //选择整个文档对象
$ ('#myId')             //选择 ID 为 myId 的网页元素
$ ('div.myClass')       // 选择 class 为 myClass 的 div 元素
$ ('input[name=first]') // 选择 name 属性等于 first 的 input 元素
```

11.2.3　jQuery 特有的表达式

```
$ ('a:first')           //选择网页中第一个 a 元素
$ ('tr:odd')            //选择表格的奇数行
$ ('#myForm:input')     // 选择表单中的 input 元素
$ ('div:visible')       //选择可见的 div 元素
$ ('div:gt(2)')         // 选择所有的 div 元素,除了前三个
$ ('div:animated')      // 选择当前处于动画状态的 div 元素
```

11.2.4　jQuery 过滤器

```
$ ('div').has('p');                 // 选择包含 p 元素的 div 元素
$ ('div').not('.myClass');          //选择 class 不等于 myClass 的 div 元素
$ ('div').filter('.myClass');       //选择 class 等于 myClass 的 div 元素
$ ('div').first();                  //选择第 1 个 div 元素
$ ('div').eq(5);                    //选择第 6 个 div 元素
```

```
$('div').next('p');                //选择 div 元素后面的第一个 p 元素
$('div').parent();                 //选择 div 元素的父元素
$('div').closest('form');          //选择离 div 最近的那个 form 父元素
$('div').children();               //选择 div 的所有子元素
$('div').siblings();               //选择 div 的同级元素
```

11.3 事件操作

jQuery 增强并扩展了 Javascript 中的基本的事件处理机制,并提供了简洁的事件处理语法,极大地提高了事件处理能力。jQuery 可以对网页元素绑定事件,根据不同的事件,运行相应的函数。以下代码表示选择'p'元素,并为其绑定 click 事件。

```
$('p').click(function(){
    alert('Hello');
});
```

日前,jQuery 支持的事件有很多,这里列出几个比较常用的事件:

表 11 - 1

Event 函数	绑定函数至
$(document).ready(function)	文档的就绪事件
$(selector).change(function)	表单元素的值发生变化
$(selector).click(function)	被选元素的点击事件
$(selector).focus(function)	被选元素的获得焦点事件
$(selector).mouseover(function)	被选元素的鼠标悬停事件
$(selector).mouseout(function)	被选元素的鼠标离开事件

以上这些事件在 jQuery 内部,都是.bind()的便捷方式。使用.bind()可以更灵活地控制事件,比如为多个事件绑定同一个函数:

```
$(function(){
    $('input').bind(
        'click change',          //同时绑定 click 和 change 事件
        function() {
            alert('Hello');
        }
    );
});
```

11.4 JQuery 效果

通过 jQuery 可以直接赋予元素一些特殊效果:

函　　数	描　　述
$(selector). hide()	隐藏被选元素
$(selector). show()	显示被选元素
$(selector). toggle()	切换(在隐藏与显示之间)被选元素
$(selector). slideDown()	向下滑动(显示)被选元素
$(selector). slideUp()	向上滑动(隐藏)被选元素
$(selector). slideToggle()	对被选元素切换向上滑动和向下滑动
$(selector). fadeIn()	淡入被选元素
$(selector). fadeOut()	淡出被选元素
$(selector). fadeTo()	把被选元素淡出为给定的不透明度
$(selector). animate()	对被选元素执行自定义动画

除了.show()和.hide(),其他特效的默认执行时间都是 400ms(毫秒),但是你可以改变这个设置。例如:

```
$('h1'). fadeIn(300);              // 300 毫秒内淡入
$('h1'). fadeOut('slow');          // 缓慢地淡出
```

在特效结束后,可以指定执行某个函数。

```
$('p'). fadeOut(300, function() { $(this). remove(); });
```

更复杂的特效可以用.animate()自定义。

```
$(function(){
    $('div'). animate(
    {
        left: "+=50",      //不断右移
        opacity: 0.25      //指定透明度
        },
        300,               // 持续时间
        function() { alert('done!');
    } //回调函数
    );
});
```

11.5　显示隐藏层

层的显示与隐藏是我们经常遇到的效果,本案例效果如图 11-2 所示。

```
〈div id="zt" class="UpLayer"〉
    〈span〉〈a href="javascript:void(0)"〉状态▼〈/a〉〈/span〉
    〈ul〉
        〈li〉〈a href="#"〉全部〈/a〉〈/li〉
        〈li〉〈a href="#"〉进行中〈/a〉〈/li〉
        〈li〉〈a href="#"〉即将开始〈/a〉〈/li〉
        〈li〉〈a href="#"〉已结束〈/a〉〈/li〉
        〈li〉〈a href="#"〉抢光了〈/a〉〈/li〉
    〈/ul〉
〈/div〉
```

在无任何样式的情况下,效果如图 11-3 所示。

接下来,我们通过一系列样式将其变成图 11-4 所示效果。

图 11-2　　　　　　　　　图 11-3　　　　　　　　　图 11-4

样式如下:

```
* { margin:0; padding:0;}
li{list-style:none;}
.UpLayer{ border:#f00 solid 1px; width:65px; float:left;}
.UpLayer span{width:50px; padding:0 5px; line-height:20px; display:block; border:#000
solid 1px;}
.UpLayer span a{ font-size:12px; text-decoration:none; color:#333;}
.UpLayer ul{ border:#ccc 1px solid;width:60px;line-height:23px; background:#f1f1f1; mar-
gin:-1px 0 0; position:absolute;}
.UpLayer ul li{ border-bottom:#ccc 1px dashed; text-align:center;}
.UpLayer ul li a{ display:block;color:#424242;text-decoration:none; font-size:12px;}
.UpLayer ul li a:hover{ background:#c2e5b2;}
```

默认状态下,弹出层是隐藏的,我们要在.UpLayer ul 里添加一句 display:none;使其在默认状态下隐藏。目前,显示效果如图 11-5 所示。

图 11-5

接下来利用 jQuery 使其动起来。首先在头部引入 jQuery 文件。

```
〈script type="text/javascript" src="jquery-1.7.2.js"〉〈/script〉
```

引入完成之后,在头部继续加入以下代码:

```
〈script type="text/javascript"〉
$(document).ready(function(){
    var objStr = "#zt";              //获取#zt 赋值给 objStr
    $(objStr).mouseover(function(){ $("#zt ul").show();});       //objStr 鼠标悬停之上时,
#zt ul 显示
    $(objStr).mouseout(function(){ $("#zt ul").hide();});             //objStr 鼠标离开时,#zt
ul 隐藏
});
〈/script〉
```

接下来简单了解几个必须知道的地方。

代码中 var objStr = "#zt";这句的作用是获取 id 名为 zt 的元素,并赋值给 objSrt,注意,这里的 id 名一定要和你结构里的 id 名对应,否则不会有作用。

mouseover 是鼠标悬停事件。.show()是 jQuery 里显示被选元素效果。mouseout 是鼠标离开事件。.hide()是 jQuery 里隐藏被选元素效果。这样就实现了鼠标悬停显示、鼠标离开隐藏的效果。

11.6 tab 选项卡

Tab 选项卡是我们常见的效果,几乎每一个门户网站都有。它能在很小的空间里容纳更多的内容。本例效果如下图 11-6 所示。

图 11-6

```
〈div class="tab"〉
    〈ul class="tabMenu"〉
        〈li class="current"〉〈a href="#"〉企业新闻〈/a〉〈/li〉
        〈li〉〈a href="#"〉网站公告〈/a〉〈/li〉
        〈li〉〈a href="#"〉行业信息〈/a〉〈/li〉
    〈/ul〉

    〈div class="con" style="display:block;"〉企业新闻内容〈/div〉
    〈div class="con"〉网站公告内容〈/div〉
    〈div class="con"〉行业信息内容〈/div〉
〈/div〉
```

【代码分析】 结构中利用 tab 作为最外层元素。ul 里的三个列表项分别对应下面的三组 div。无任何样式的表现如图 11－7 所示。

下面开始写样式：

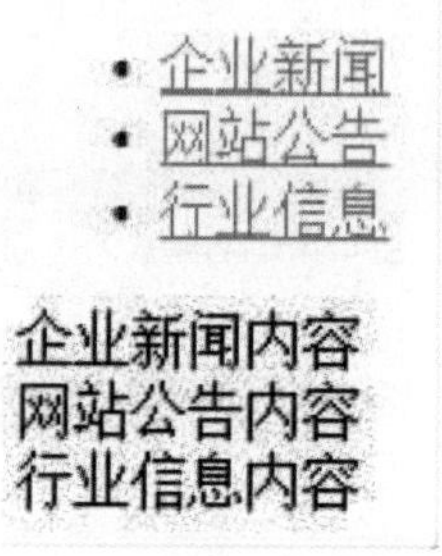

```
* { margin:0; padding:0;}
li{ list-style:none;}
.tab{
        width:500px;
        border:#000 solid 1px;
        margin:30px auto;
        }
.tabMenu{
        height:29px;
        border-bottom:#C00 solid 3px;
        }
.tabMenu li{
        float:left;
        background:url(images/tabbg.gif);
        width:124px;
        height:29px;
        margin-right:8px;
        text-align:center;
        }
.tabMenu a{
        font-size:14px;
        line-height:29px;
        color:#C00;
        text-decoration:none;
        }
.tabMenu .current{
        background:url(images/tabCur.gif);
        }
.tabMenu .current a{ color:#fff; font-weight:bold;}
.con{
        display:none;
        padding:10px;
        }
```

图 11－7

虽然我们在样式里写了 display:none;来隐藏所有区块，但是我们在结构里的第一个 con 区块里写了行间样式 display:block;。因此在初始状态时，只显示第一个区块，效果如图 11－8。

此时的 tab 选项卡还动不起来，引入 jQuery 之后，在 head 头部加入如下 JS 代码：

企业新闻	网站公告	行业信息	

企业新闻内容

图 11 - 8

```
<script type="text/javascript">
$(function(){
    $('.tabMenu li').mousemove(function(){    //为.tabMenu li 绑定 mousemove 事件
        $('.tabMenu li').attr('class','');    //清除所有.tabMenu li 下的所有的 class 名,设
置为空
        $('.con').css('display','none');    //通过'display','none'来将所有.con 区块隐藏
        $(this).attr('class','current');    //然后给当前的 li 添加 class 名为 current
        $('.con').eq($(this).index()).css("display","block");    //将对应当前的.con 转区
块,使其可见
    });
});
</script>
```

代码中的 tabMenu 与 con 一定要和结构中的对应,如果结构中用的是其他名字,那么在这里也要改成一样。否则程序无法获取相应元素,自然不会有效果。

11.7　jQuery 焦点图

本案例最终效果如图 11 - 9 所示。

图 11 - 9

```
<div class="roll">
    <ul class="rImg">
        <li><a href="#"><img src="images/01.jpg" /></a></li>
        <li><a href="#"><img src="images/02.jpg" /></a></li>
        <li><a href="#"><img src="images/03.jpg" /></a></li>
        <li><a href="#"><img src="images/04.jpg" /></a></li>
    </ul>
    <ul class="rTit">
```

```
            〈li〉标题一〈/li〉
            〈li〉标题二〈/li〉
            〈li〉标题三〈/li〉
            〈li〉标题四〈/li〉
        〈/ul〉
        〈ul class="rNum"〉
            〈li class="current"〉1〈/li〉
            〈li〉2〈/li〉
            〈li〉3〈/li〉
            〈li〉4〈/li〉
        〈/ul〉
    〈/div〉
```

【代码分析】　首先,我们新建一个 div 作为整个焦点图的容器,并将 class 命名为 roll。里面包含三部分列表,分别是四个图片列表(rImg)和图片相对应的标题列表(rTit)以及四个和图片顺序对应的数字列表(rNum)。

下面开始写样式,在写样式之前我们需要新建一个样式表,将焦点图的样式单独分离出来。这样以后需要应用到焦点图效果时,直接引入样式文件即可。我们新建一个样式文件,起名为 jdt.css,保存并在头部引入该文件:

```
〈link rel="stylesheet" type="text/css" href="css/jdt.css" media="all" /〉
```

下面我们在 jdt.css 里面编写如下样式:

```
* { margin:0; padding:0;}
li{ list-style:none;}
. roll{
    width:487px;
    height:296px;
    border:#000 solid 5px;
    margin:20px auto;
    position:relative;    /* 设置最外层的容器相对定义,以便于内部的标题列表和数字列表绝对
定位 */
    overflow:hidden;    /* 设置超出容器隐藏 */
    }
. roll img{
    width:487px;
    height:296px;
    border:0;
    }
. rTit{
    width:100%;
    height:30px;
    background:#000;
    color:#FFF;
```

```
        font-size:12px;
        line-height:30px;
        position:absolute;
        left:0;
        bottom:0;
        filter:alpha(opacity=50);           /* 设置标题背景色为 50% 的透明 */
        opacity:0.5;                         /* 设置标题背景色为 50% 的透明,兼容火狐等浏览器 */
        overflow:hidden;                     /* 设置标题列表超出隐藏,目的是为了只显示当前标题 */
        }
    .rTit li{
        padding-left:10px;
        }
    .rNum{
        /* border:#F00 solid 1px; */
        width:96px;
        position:absolute;                   /* 设置数字列表为绝对定位 */
        right:0;                             /* 设置数字列表离右侧距离为 0 */
        bottom:3px;                          /* 设置数字列表离下部距离为 3 */
        }
    .rNum li{
        width:20px;
        height:20px;
        color:#FFF;
        background:#6C6;
        text-align:center;
        line-height:20px;
        float:left;
        margin:0 2px;
        font-size:12px;
        font-family:Arial;
        _display:inline;
        cursor:pointer;                      /* 设置鼠标悬停为手型 */
        }
    .rNum .current{background:#F60;}         /* 设置当前的数字背景色以区别其他数字 */
```

　　我们定义最外层的 roll 区块的宽高分别为 487px 和 296px,同时还要定义 overflow: hidden;溢出容器隐藏。通过样式将图片的宽高固定,然后利用绝对定位来将标题部分和数字部分定位到区块下部相应的位置,并设置标题部分的背景颜色为半透明。再设置当前的第一个数字(我们给它起了一个 class 名为 current)的背景色样式以区别于其他几个数字。

　　目前样式设置已经完成,具体效果如图 11-10 所示。

　　布局做好之后,我们要让焦点图跑起来。在头部分别引入 jQuery 文件和 js 文件,这里我们将 jQuery 代码单独分离了出来,以便于日后其他文件也可以直接调用。

图 11 - 10

〈script type="text/javascript" src="js/jquery-1.7.2.js"〉〈/script〉

〈script type="text/javascript" src="js/jdt.js"〉〈/script〉

我们将焦点图的动态效果代码整合到了 jdt.js 文件里。

同样,jdt.js 里的 class 名要和结构里的保持一致,否则无法获取到相应元素,也不会有效果。

jdt.js 文件代码如下:

```
$ (function(){
    var imgList = $ (".rImg li");            //获取.rImg li 元素并赋值给变量 imgList
    var biaoti = $ (".rTit li");             //获取.rTit li 元素并赋值给变量 biaoti
    var num = $ (".rNum li");                //获取.rNum li 元素并赋值给变量 num
    var roll = $ (".roll");                  //获取.roll 元素并赋值给变量 roll
    var count = imgList.length;              //获取 imgList 下的元素的个数
    var interval = 2000;                     //设置 interval 为 2 秒
    var t;                                   //定时器标识
    var index=0;                             //设置 index 当前下标为 0
    var hideAll = function(){                //声明一个因此所有函数 hideAll
        imgList.hide();                      //设置 imgList 隐藏
        biaoti.hide();                       //设置 biaoti 隐藏
        num.removeClass("current");          //清除所有的 num 的 class 名
    }
    var showItem = function(){               //设置显示当前函数 showItem
        hideAll();                           //首先因此全部
            $ (imgList[index]).fadeIn();      //imgList 下的当前显示
            $ (biaoti[index]).fadeIn();       //biaoti 下的当前显示
            $ (num[index]).addClass("current"); //数字下的当前给其添加 class 名为 current
    };
    var next=function(){                     //声明下一个函数 next
            index=index+1;                   //下一个为当前 index+1
            if(index==count)                 //如果当前等于个数
```

```
            {
                index=0;                    //那么当前就让其等于 0
            }
            showItem();                     //显示当前
        };
        t = setInterval(next,interval);     //调用定时器,(next 代表下一个,interval 表示周期)
        roll. bind("mouseover",function(){  //为整体区块 roll 绑定事件,当鼠标悬停之上
            clearInterval(t);               //清除定时器
        });
        roll. bind("mouseout",function(){   //当鼠标离开时,
            t = setInterval(next,interval); //开启定时器
        });
        num. each(function(i,n){            //遍历数字
            $(n). bind("click",function(){  //为数字 n 绑定点击事件
                index = i;                  //当前等于 i 时
                showItem();                 //显示本组
            });
        });
    })
```

以上代码,不需要你完全理解,为了配合项目的完整性,这里我们只要学会如何应用即可,我们可以将源代码中的 JS 文件直接拷贝到我们的练习文件里,直接引入。

通过结构的改变还可使其变成如下效果,道理是一样的,如图 11-11 所示。

图 11-11

11.8 滚动图片

图片或文字的滚动效果可以用"无处不在"来形容。滚动图片也是我们经常能看到的效果,如图 11-12。它可以在有限的空间内展示更多的内容。下面我们就来制作一个滚动图片的效果,用户每点击一次方向按钮,图片会滚动一组。即使用户不点击左右的方向,程序也会默认每隔几秒向左滚动一组。本例用到的 HTML 代码如下:

图 11-12

```
<div id="scrollImg">
    <span id="prev">◀</span>
    <span id="next">▶</span>
    <div id="box">
        <ul>
            <li><a href="#"><img src="images/1.jpg"/>佳友清明游</a></li>
            <li><a href="#"><img src="images/2.jpg"/>小 Q</a></li>
            <li><a href="#"><img src="images/3.jpg"/>么么茶</a></li>
            <li><a href="#"><img src="images/4.jpg"/>德芙</a></li>
            <li><a href="#"><img src="images/5.jpg"/>戴斯</a></li>
        </ul>
    </div>
</div>
```

【代码分析】 整个区块用 scrollImg 表示,里面用两组 span 来存放两个方向箭头。下面就是一组图片列表。

本案例的布局利用绝对定位很容易实现,具体样式如下:

```
* { margin:0; padding:0;}
a{ font-size:12px; text-decoration:none; color:#666;}
#scrollImg{
    width:660px;
    margin:50px auto;
    position:relative;           /* 整体区块相对定位,以方便下面的控制 */
    }
#prev, #next{                    /* 由于两个方向箭头按钮基本相同,因此将他们群组定义 */
    width:14px; height:100px; line-height:100px; text-align:center; border:#ccc solid 1px;
    display:block;               /* 由于 span 是行元素,因此我们要将其转为块元素才能对其宽高
设置 */
    position:absolute;           /* 设置绝对定位 */
    cursor:pointer;
    top:20px;
    background:#F6F6F6;
    font-size:20px;
```

```
        }
#prev{left:7px;}
#next{right:7px;}
#box{ width:540px;margin:10px auto; }
#box ul{
    overflow:hidden;              /* 设置图片列表超出容器隐藏 */
    width:540px;
    height:160px;
    }
#box ul img{ width:100px; height:120px; border:0; padding:4px;
border:#CCC solid 1px;margin-bottom:5px; }
#box ul li{ width:110px; float:left; margin:5px; text-align:center; }
```

本案例使用的是一个封装好的 jQuery 滚动图插件,在利用此插件之前,我们要先引入 jQuery 文件以及封装库文件。具体 jQuery 代码如下:

```
<script type="text/javascript" src="jquery-1.7.2.js"></script>
<script src="jcarousellite.min.js" type="text/javascript"></script>
<script type="text/javascript">
    $(function(){
    $("#box").imgScroll({
        btnPrev: "#prev",          //选定向左的按钮
        btnNext: "#next",          //选定向右的按钮
        auto: 4000,                //图片停留时间
        scroll: 5,                 //每次滚动覆盖的图片个数
        speed: 1000,               //设置速度,0 是不动。其次就是数字越大,移动越慢。
        vertical: false,           //横向(true),竖向(false)
        visible: 5,                //显示的数量
        circular: true             //是否循环
    });
    });
</script>
```

这是一个滚动图片的插件的应用,代码中的 #box 一定要和结构中的对应,否则无法获取元素。插件中的参数都做了注释说明,我们可以根据自己的需要更改相应的参数。

第12章　综合实战练习

从本章开始,进入综合实战练习阶段,将通过六个典型的案例,来梳理和应用之前我们学习的知识点。

虽然界面设计不是本书的重点,但是我们还是要先介绍一下界面设计的大致方法,起到一个抛砖引玉的作用。

12.1　磐石文化网站界面设计

最终效果如图12-1所示:

图 12-1

〔小提示〕

　　我们在做页面效果图之前就要先有自己的想法,这需要我们有一张大概的草图和准备好的相关素材。如果想到哪做到哪,就会做得很慢,也容易导致局部设计脱节等情况。

12.1.1 新建文件与图层分组

步骤 01：

运行 Photoshop 软件，在菜单栏中选择【文件】—【新建】(快捷键 Ctrl＋N)命令。

弹出【新建】对话框，设置【宽度】为 980 像素，【高度】为 2000 像素，【分辨率】为 72 像素/英寸，【颜色模式】选择 RGB，【背景内容】为白色，之后单击【确定】按钮。

如图 12-2 所示：

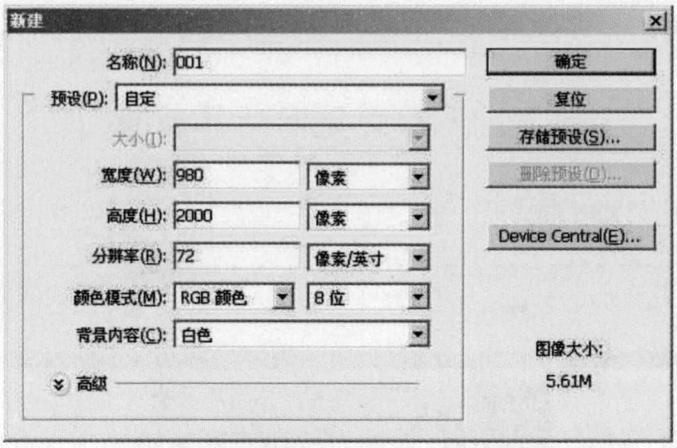

图 12-2

> **小提示**
>
> 网页主体部分常用宽度为 960、980、1000 像素(不包括背景宽度)。因为现在的显示器尺寸各不相同，为了兼容较小的显示器 (17 寸显示器分辨率为 1024×768)，就需要把页面的主体部分控制在这个大小范围内，不然页面会显示不全。在较大的显示器下网页画面会是居中显示的。

步骤 02：

在菜单栏中选择【视图】—【标尺】(快捷键 Ctrl＋R)显示标尺，从左侧标尺中拉【参考线】(蓝绿色的线)。【参考线】建立在画布的边缘，告诉我们页面中间的【宽度】是 980 像素。

如图 12-3 所示：

> **小提示**
>
> 快捷键 Ctrl+H 可以切换显示或隐藏参考线，在制作过程中可以根据需要进行切换。

步骤 03：

网页是居中显示的，我们需要扩展一下画布，因为设计的时候也需要将页面背景考虑进去。

选择菜单栏中【图像】—【画布大小】(快捷键 Ctrl＋Alt＋C)。在【画布大小】对话框中设置参数，如图 12-4 所示，【背景】选择白色，【宽度】改成 1920 像素，单击【确定】按钮，得到

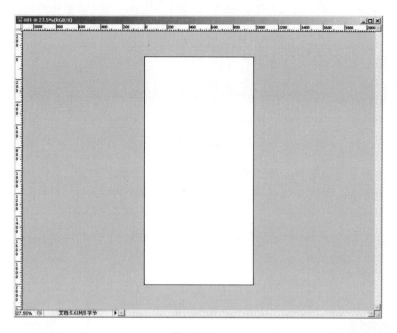

图 12 - 3

图 12 - 5 所示效果。

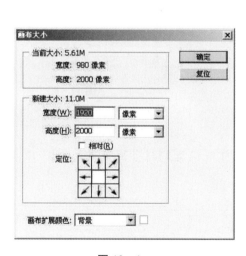

图 12 - 4

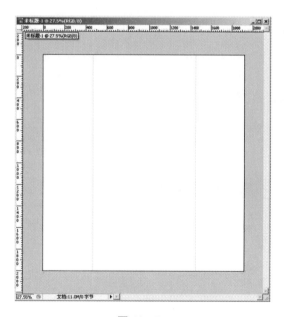

图 12 - 5

12.1.2　页面头部与背景的制作

步骤 04：

在【图层面板】中点击右下角【□ 新建组】按钮对图层提前进行分组。我们根据页面的结构先建立 3 个组,分别为 head、body、foot(如图 12－6 所示)。首先我们设计页面的头部。

小提示

图层命名使用中英文都是可以的,自己一目了然就是最好的。

接下来,我们在相应的组里【新建图层】,在 head 组中点击【图层面板】右下角【🖳 新建图层】按钮,如图 12－6 所示,然后从标尺中拉出头部大概高度的参考线,效果如图 12－7。

小提示

养成图层分组的好习惯是非常重要的,因为网页设计图层较多。这样以后需要修改的话就方便多了。

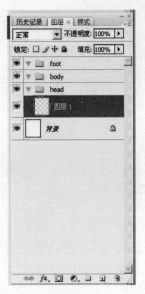

图 12－6

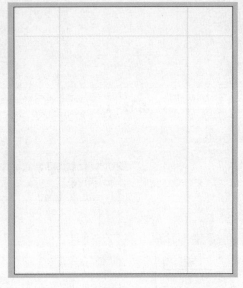

图 12－7

图 12－8

步骤 05：

在 head 组中新建组和图层,分别命名为【顶部注册信息】和【顶部背景】,如图 12－8 所示。

小提示

鼠标移动到按钮和工具上时都会有文字提示。

步骤 06：

在左侧【工具栏】中选择【▦ 矩形选框】工具。

在【工具属性栏】中设置【样式】为固定大小,【宽度】为 1920px(像素),【高度】设置 45px(像素)。如图 12－9 所示：

之后选择【菜单栏】中【编辑】－【填充】(快捷键 Shift＋F5)命令,填充【内容】为 50％灰

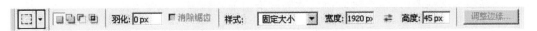

图 12 - 9

色,【混合】中【模式】为正常,【不透明度】为 100％,单击【确定】按钮,效果如图 12 - 10 和
12 - 11 所示。

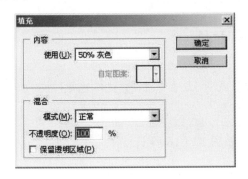

图 12 - 10

图 12 - 11

步骤 07:

接着按住 Ctrl 键点击【顶部背景】图层,选
中该图层中的元素。

点击【工具栏】处左下角的【前景色】和【背
景色】,代码分别为 ＃ f6f6f6,＃ e3e3e3,如图
12 - 12。之后选择【工具栏】中【▢渐变工具】,
选择【线性渐变】。如图 12 - 13、12 - 14 所示:

图 12 - 12

图 12 - 13

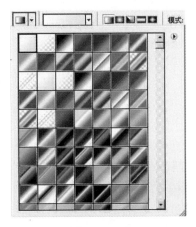

图 12 - 14

选择第一个渐变(浅灰色到灰色),该渐变为由前景色渐变到背景色。

之后按 Shift 键,沿 Y 轴拉直线渐变,效果如图 12-15。

图 12-15

小提示

按快捷键 X 可以调换前景色和背景色,或者点击 ↕ 按钮进行切换。按 D 键可以把前景色和背景色变成黑色和白色。

选择【矩形选框】工具,【样式】为正常,如图 12-16 所示:

图 12-16

选择这个渐变条的一小半,大约为下半部分的 4/10 处,拉出【矩形选框】,得到效果如图 12-17:

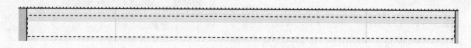

图 12-17

选择【菜单栏】中【图像】—【调整】—【亮度/对比度】,其中【亮度】改成-5,单击【确定】按钮,如图 12-18。呈现的效果如图 12-19 所示:

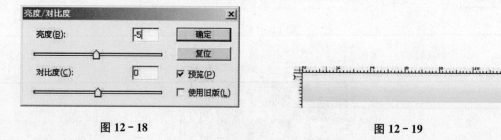

图 12-18   图 12-19

步骤 08:

我们再新建一个图层,让灰色条状背景变得的更有立体感。使用【🖉 铅笔】工具,【大小】控制为 1 像素,按住 Shift 键不放,绘制一条稍微深一点的直线,再绘制一条浅一点的直线条,放在分界线的中间。得到的效果如图 12-20。

接着我们【新建】一个名为【红色线条】的图层,选择偏深的红色,利用【矩形选框】工具绘制一根红色的 5 像素线条。得到效果如图 12-21:

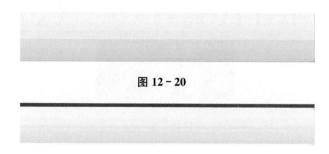

图 12－20

图 12－21

步骤 09：

选择【T，文字】工具，设置文字的【大小】为 12 点，【字体】为宋体，设置【消除锯齿的方法】为"无"，如图 12－22 所示。

图 12－22

打出文字"磐石文化欢迎您的光临！请 登录 免费注册"（注意：中间有空格）。如图 12－23。

图 12－23

　　　　文字先设置为黑色。因为"登录"和"免费注册"是有链接的，所以选中这两个词，将颜色改为灰色，和之前的文字做出区别。

步骤 10：

我们再建一个图层，选择【☐，圆角矩形】工具，在工具【属性栏】中选择【路径】🖾，选择【半径】为 5px，如图 12－24 所示。绘制一个红色圆角矩形。按快捷键 Ctrl＋回车将【路径】转换为【选区】，如图 12－25 所示：

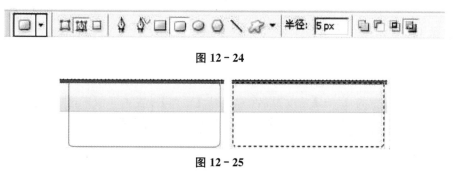

图 12－24

图 12－25

在【菜单栏】中选择【编辑】-【填充】(快捷键 Shift＋F5)，前景色为红色，如图 12-26。

图 12-26

步骤 11:

再增加一些立体感，在左上角做一点圆角的感觉。

建立一个【圆角矩形】选区，【半径】为 5px，如图。按 delete 键，删除选区中的红色边缘，再【选择】-【取消选择】(快捷键 Ctrl＋D)，如图 12-27 所示。

图 12-27

然后选择，复制方块右边的圆角。

选择当前图层复制(快捷键 Ctrl＋C)一次，再粘贴(快捷键 Ctrl＋V)一次，选择【菜单栏】中【编辑】-【变换】-【水平翻转】命令，把复制的圆角移动到左边对称的位置对齐，并删除原图层中的直角，在【图层面板】中合并这两个图层，如图 12-28 所示。

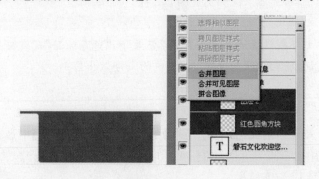

图 12-28

步骤 12:

下面我们再加点投影效果。

选择该图层，单击右键，选择【混合选项】:

【不透明度】设置为 22%，【角度】设置为-31，【距离】设置为 3 像素，【扩展】设置为 0%，【大小】设置为 5 像素，如图 12-29。然后点击右上角【确定】按钮。效果如图 12-30:

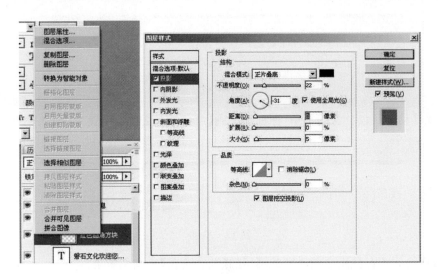

图 12 - 29

图 12 - 30

注意 我们在做投影的时候不要太过夸张，不然既不美观，还会造成局部过分强调，与整体脱节。

 小提示

如果红色圆角框位置不理想，可以再选择当前图层，使用【移动】工具进行微调。

步骤 13：

采用同样的方法把后面的灰色渐变条也加上投影，如图 12 - 31 所示。

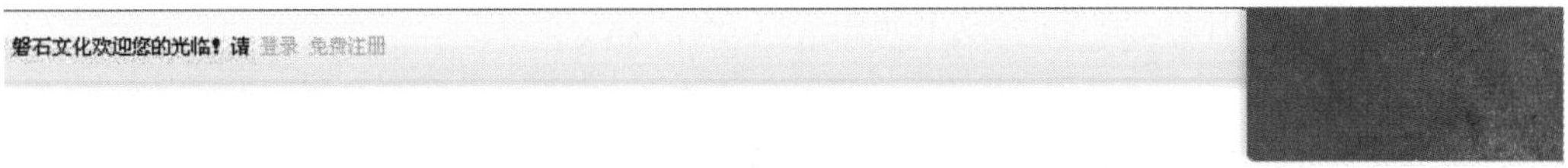

磐石文化欢迎您的光临！请 登录 免费注册

图 12 - 31

步骤 14：

绘制出 body 的背景，为了看出效果，我们填充一层淡淡的灰色♯efefef。

红色圆角部分有点高大，选择菜单栏中【编辑】－【自由变换】(快捷键 Ctrl＋T) 变换一下，稍微缩小一点，如图 12 - 32 所示。

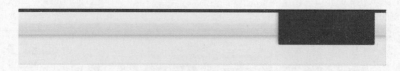

图 12 - 32

使用【移动】工具将"快捷下单"图标移动到【红色按钮】上,并打上文字"快捷下单",如图 12 - 33 所示。

图 12 - 33

然后再给此图标使用之前讲到的图层的【混合选项】来制作效果。

【投影】的【不透明度】设置为 75%,【角度】设置为-31,【距离】设置为 0 像素,【扩展】设置为 20%,【大小】设置为 4 像素,如图 12 - 34 所示。

【渐变叠加】的【不透明度】设置为 100%,【渐变】由黄色渐变到淡黄色,【角度】设置为 90,【样式】为线性,【缩放】为 10%,如图 12 - 35 所示。

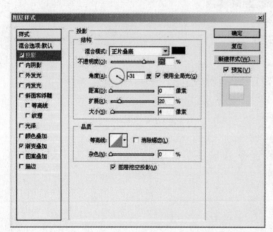

图 12 - 34

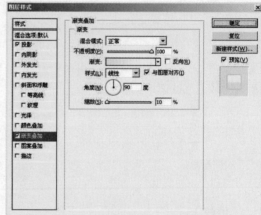

图 12 - 35

将文字也制作同样效果,得到效果如图 12 - 36 所示。

图 12 - 36

步骤 15:

下面我们在 body 层里新建一个图层,根据参考线的位置,我们在中间 980 像素的宽度中【填充】(快捷键 Shift＋F5)白色,得到效果如图 12 - 37 左边所示。

另外再新建图层,用【矩形选框】工具给白色背景左右两侧增加两个白色边框,【宽度】为15px,得到效果如图 12-37 右边所示。

图 12-37

步骤 16:

回到 head 组中,使用【矩形选框】工具绘制一个白色方块。然后选择菜单栏中【编辑】—【自由变换】(快捷键 Ctrl+T)命令,效果如图 12-38 所示。

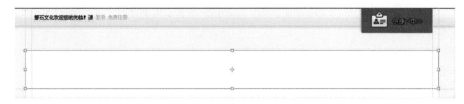

图 12-38

单击右键选择【透视】,如图 12-39 所示。

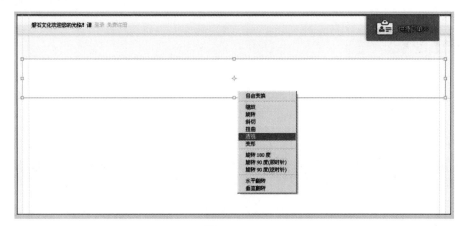

图 12-39

拉动左上角或者右上角的小方块进行变形,得到效果如图 12 - 40 所示。

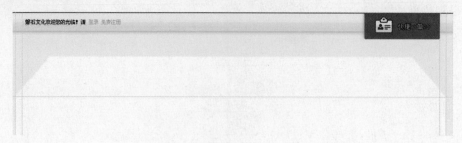

图 12 - 40

感觉有些高,在【菜单栏】中选择【编辑】—【自由变换】(快捷键 Ctrl+T)一次,得到效果如图 12 - 41 所示。

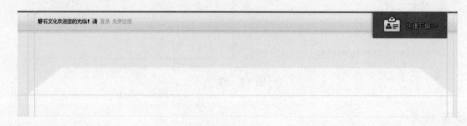

图 12 - 41

小提示

　　【自由变换】不仅有【透视】功能,还有【缩放】、【旋转】、【变形】等功能,可以尝试一下看看。

步骤 17:

在 head 图层文件夹中新建组【LOGO】文件夹,将 LOGO 素材使用【移动工具】放入左边。如图 12 - 42 所示。

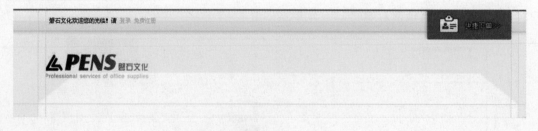

图 12 - 42

接着复制 LOGO 图层,如图 12 - 43,使用【自由变换】功能(Ctrl+T),单击右键选择【扭曲】(和之前使用【透视】的方法相同),把 LOGO 变形之后,再把图层的透明度改成 5%,效果如图 12 - 44。

图 12 - 43　　　　　　　　　　　　　　　　　　图 12 - 44

步骤 18：

新建一个图层组，命名为【搜索】，再新建一个图层，使用之前绘制圆角框的方法，绘制一个白色圆角框，【圆角半径】为 20px，加上投影，如图 12 - 45 所示：

图 12 - 45

★ *小提示*

绘制模块的时候要记住分层，如果都绘制在一个图层上的话，修改起来就麻烦了。

关于圆角半径、颜色以及投影样式等具体数值不需要做得完全一样，这里需要掌握的是方法，只要看起来美观都是可以的。

再绘制一个灰色方框：

图 12 - 46

使用【矩形选框】工具选择右侧白色圆角部分复制粘贴一次，开始制作搜索按钮，效果如图 12 - 47：

图 12－47

在该图层上单击右键选择【混合选项】，在【混合选项】中选择【描边】效果：【大小】为 1 像素，【位置】为内部，【颜色】为红色♯9d0808。

选择【渐变叠加】效果：【前景色】为♯770101，【背景色】为♯b31c10，【渐变效果】选择第一个(前景色过度背景色)，【样式】选线性，【缩放】为 10％，效果如图 12－48 所示。

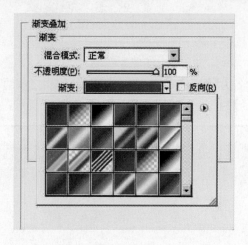

图 12－48

单击【确定】按钮，然后将放大镜图标素材放入中间，如图 12－49 所示。

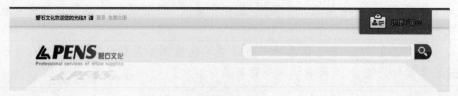

图 12－49

然后在搜索条下面加上导航文字和购物车小图标，得到效果如图 12－50 所示。

图 12－50

步骤 19：

在 body 图层组中新建组命名为【导航】，绘制一个【高度】为 40 像素的【导航背景】，【颜色】为♯9d0100，得到效果如图 12-51 所示。

图 12-51

然后用【矩形选框】工具选中下半部分，选择【菜单栏】中【图像】-【调整】-【亮度/对比度】，设置【亮度】为-20。再将红色背景和 body 中白色部分向下移动 4 像素，如图 12-52：

图 12-52

删除导航背景两侧，露出 body 中的白色边框，做出类似红色导航从中间穿过去的感觉，如图 12-53：

图 12-53

步骤 20：

新建图层，使用【矩形选框】工具绘制有一个【宽度】125 像素，【高度】40 像素的灰色矩形，然后复制该图层。因为这里有五个栏目，所以复制五个，然后让每个按钮中间空 1 像素。得到效果如图 12-54：

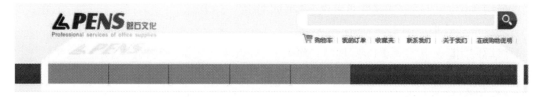

图 12-54

之后打好导航中的文字并对齐,然后在按钮中间的缝隙绘制两条颜色相近的红色竖线(一深一浅),并复制五个,分别放置在每个模块的最右边,效果如图12-55:

图 12 - 55

拉好每个导航按钮的参考线,删除灰色模块背景,在【图层】面板中,按 Shift 键选中五个灰色图层,单击右键【删除图层】。效果如图12-56:

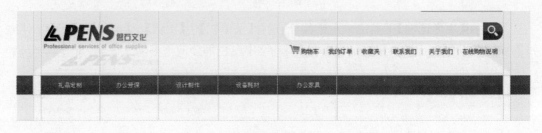

图 12 - 56

接着选中红色【导航背景】图层,再新建图层并命名为【按钮发光】。

使用【⬚.多边形套索】工具,选区为一个梯形,再使用【渐变】工具,前景色为白色,拉出一个渐变效果如图12-57:

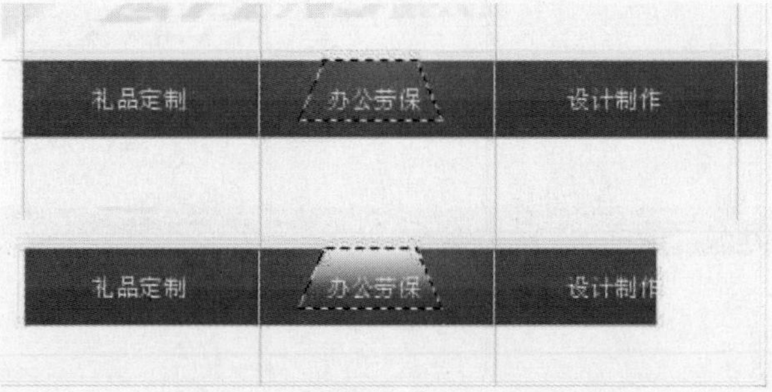

图 12 - 57

然后 Ctrl+D 取消选择。

【菜单栏】中【滤镜】-【模糊】-【动感模糊】,然后将该图层的混合模式改为【颜色减淡】。动感模糊数值如图12-58,【颜色减淡】选项如图12-59所示。

之后得到效果如图12-60。

然后使用【◻.橡皮擦】工具,擦掉边缘,使发光效果更柔和一些,效果如图12-61。

在红色【导航背景】图层上使用【矩形选框】工具选中"办公劳保"按钮背景并用【图像】-【调整】-【亮度/对比度】将背景颜色调暗,亮度为-35。这里是导航鼠标移动上去显示的特效,得到效果如图12-62:

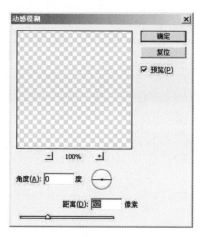

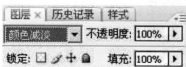

图 12 - 58　　　　　　　　　　　　图 12 - 59

图 12 - 60

图 12 - 61

图 12 - 62

12.1.3　第一屏内容制作

步骤 21：

使用【高度】设定为 15px 的【矩形选框】工具拉出参考线,并在 body 组里新建组,并命名为【第一屏】。在【第一屏】里新建一个组,命名为【左边模块】。绘制一个接近黑色到深灰色渐变的矩形,【宽度】为 188 像素,【高度】为 330px。效果如图 12 - 63：

步骤 22：

新建一个【宽度】188 像素、【高度】45 像素的红色（＃a21313）方块并打上文字,如图 12 - 64 所示。

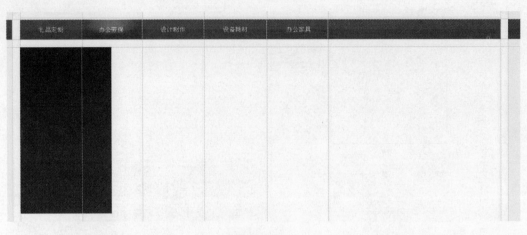

图 12 - 63

图 12 - 64

然后使用【✐ 铅笔】工具绘制一个由点组成的箭头图案,画笔【大小】为 3px,如图 12 - 65。

图 12 - 65

再绘制两条一深一浅的线条,【颜色】分别为＃840a0a 和＃ b72828,如图 12 - 66。

图 12 - 66

这样还略显单调,再从 LOGO 中取材,然后再根据需要变换(Ctrl＋T)一下素材,添加一点底纹的效果。如图 12 - 67。

图 12 - 67

接着使用我们之前学过的方法,添加文字和图片素材,效果如图 12 - 68:

图 12 - 68

步骤 23:

新建【焦点图】图层,拉出距离左边模块 12 像素的参考线,制作右边【焦点图】模块。绘制一个【宽度】为 780 像素、【高度】为 287 像素的灰色方块,如图 12 - 69:

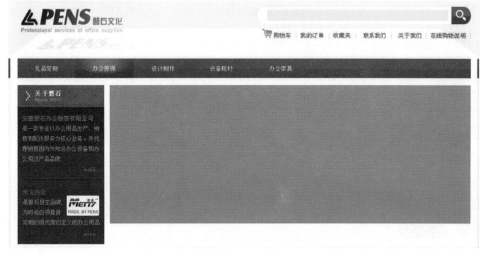

图 12 - 69

接着制作灰色渐变圆角的矩形,沿着 Y 轴由♯f8f8f8 渐变到♯fefefe。圆角【半径】为3px,如图 12-70:

图 12-70

之后新建【投影】图层,制作投影的特效(也可以在图层的混合选项中增加不同的投影特效),使用【椭圆选框】工具拉出接近条状的椭圆,如图 12-71:

图 12-71

【选择】-【修改】-【羽化】(快捷键 Ctrl+Alt+D),【半径】为 2px,【编辑】-【填充】黑色,将图层移动到灰色渐变图层下面并调整好位置,效果如图 12-72:

图 12-72

然后绘制焦点图中的方块按钮,如图 12-73:

图 12-73

步骤 24：

下面继续制作第二屏的内容，拉 20 像素的参考线，新建【宽高】为 118 像素的灰色正方形，并按住 Ctrl 键不放，选择【移动】工具拖动复制四个相同的图层依次排列，然后进行对齐，注意每个模块之间空出 1 像素，效果如图 12 - 74：

图 12 - 74

步骤 25：

绘制类似红色导航背景的圆角矩形，【高度】为 36 像素，【半径】为 2 像素，然后将 4 个灰色的方块向下移动，中间空一像素留白，之后复制 4 个，效果如图 12 - 75：

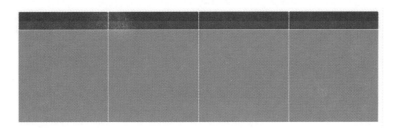

图 12 - 75

步骤 26：

接着我们打上文字，做出滑窗的当前窗口特效，去掉其中一个背景颜色，在菜单中选择【图像】—【调整】—【去色】，利用直线工具 ，绘制一个灰色三角形箭头。效果如图 12 - 76：

限量特价
新品推荐
买赠送好礼

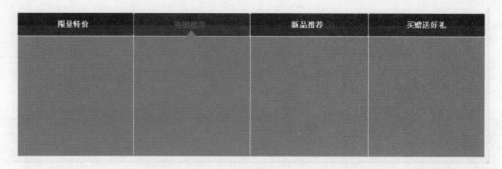

图 12－76

步骤 27：

接着使用【圆角矩形】工具绘制圆角矩形（圆角半径为 2px），背景为淡灰色＃ f0f0f0，【描边】1 像素，【颜色】为＃d1d1d1。

然后复制背景上半部分制作标题栏，使用【亮度/对比度】调整为深灰色并对齐。接着选择菜单【图层】—【创建剪贴蒙版】（快捷键 Alt＋Ctrl＋G），如图 12－77 左边。然后在这个圆角矩形背景下面复制一个对称的底部，调成深灰色再【创建剪贴蒙版】（快捷键 Alt＋Ctrl＋G），与之前制作方法相同，效果如图 12－77 右边：

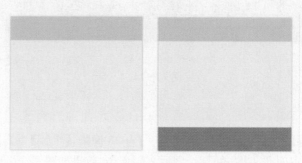

图 12－77

之后打上文字内容，加上【在线按钮】和【离线按钮】的素材，效果如图 12－78、图12－79：

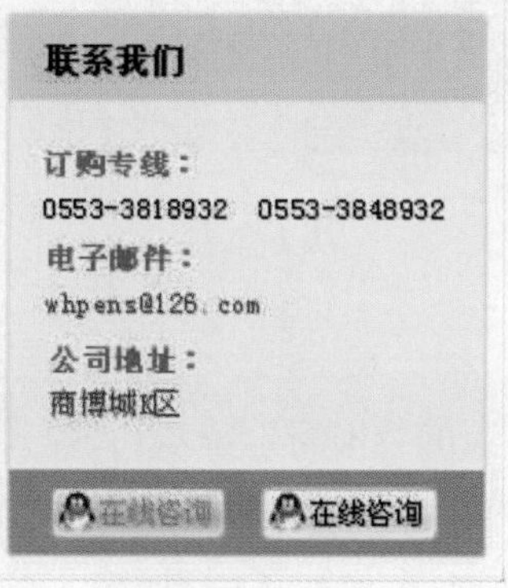

联系我们
订购专线：
0553-3818932 0553-3848932
电子邮件：
whpens@126.com
公司地址：
商博城D区
在线咨询
在线咨询

图 12－78

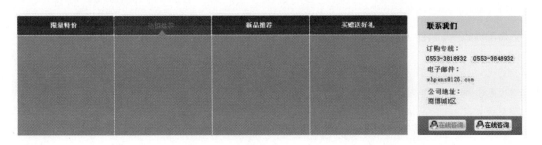

图 12 - 79

12.1.4　第二屏内容制作

步骤 28：

在上述操作下方空出 20 像素,开始制作【礼品定制】的标题。拉出【高度】为 50 像素的参考线,新建组和层,绘制红色圆型图案。使用【椭圆选框】工具,绘制【高度】为 25 像素,【宽度】为 25 像素的红色圆形渐变(＃ce1210,＃9c1211)。然后加上投影,【投影】的【距离】为 1,【扩展】为 0,【大小】为 0,效果如图 12 - 80:

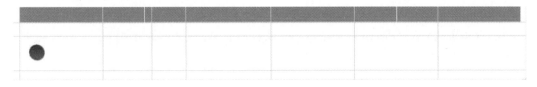

图 12 - 80

使用【铅笔】工具,用白色点出箭头图案,画笔【大小】为 1 像素,如图 12 - 81:

图 12 - 81

步骤 29:新建图层

使用【　形状】工具,选择【形状 →｜箭头形状】,如图 12 - 82,拉出箭头图形。

图 12 - 82

使用快捷键 Ctrl＋回车,转变为选区之后再填充灰色,如图 12 - 83 所示。

图 12 - 83

再使用相同的方法,拉出一样大的箭头并转化为选区,如图 12 - 84 所示。

图 12 - 84

删掉选区中的内容,然后向后移动这个箭头,隐藏参考线,如图 12 - 85 所示。

图 12 - 85

使用【橡皮擦】工具(使用柔角画笔)淡化箭头上下两边,并利用【自由变换】(快捷键 Ctrl+T)将【宽度】改小一些,得到效果如图 12 - 86 所示。

图 12 - 86

之后使用【矩形选框】工具绘制矩形选框,使用【渐变】工具拉出一条红色渐变,并打上文字"礼品定制",如图 12 - 84 所示。

图 12 - 87

打上文字"更多礼品定制",并复制之前绘制的白色像素箭头,使用【图像】-【调整】-【反向】(快捷键 Ctrl+I),并移动到"更多礼品定制"的右边得到效果,如图 12 - 88 所示。

图 12 - 88

使用【文字】工具制作虚线，打出符号"－"，然后调整文字【间距】和【大小】，效果如图12－89。

图 12 - 89

然后点击【图层面板】上的【■蒙版】按钮（在新建图层的按钮旁边），将【前景色】改为黑色，使用【画笔】工具淡化两边，制作渐变的效果如图 12－90。

图 12 - 90

小提示

　　关于蒙版，使用画笔工具或者渐变工具都可以。蒙版相比橡皮擦的好处是可以来回调整，前景色是黑色的话，涂一下就可以遮住当前元素。反之前景色是白色，涂一下就可以还原。使用渐变工具、画笔还是橡皮擦这都不是一定的，自己觉得方便就好。

步骤 30：

在刚制作的标题栏下方，再拉一条 15 像素的参考线，接着制作"礼品定制"的图片列表，列表为一行五个图片，图片为正方形。为了看得更加清楚，我们先制作一个灰色正方形，然后在混合选项中增加 1 像素浅灰色的【描边】效果，之后再使用【图像】-【调整】-【色相/饱和度】（快捷键 Ctrl＋U），将正方形复制五个，得到效果如图 12－91 所示。

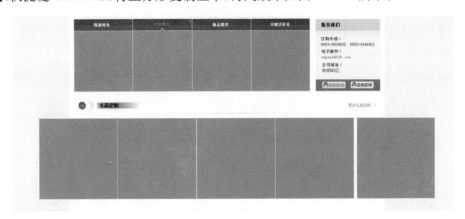

图 12 - 91

在图层面板选中这五个图层，按住 Shift 键不放，使用【自由变换】（快捷键 Ctrl＋T）缩放这五个方块的大小（注意五个方块的总宽度要小于 980 像素），如图 12－92 所示。

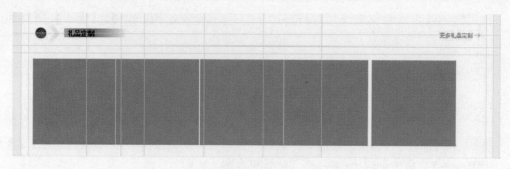

图 12 - 92

小提示

注意这里制作的正方形要大于目测后预计的正方形大小,不然由小拉大的图形会变得模糊。

根据参考线,将最左和最右的方块分别移动到 980 像素的两边的边缘位置,如图12 - 93所示。

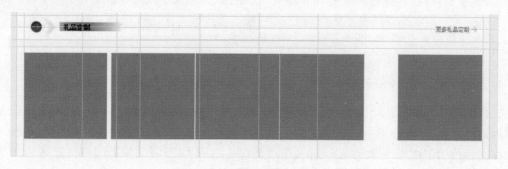

图 12 - 93

使用【移动工具】,在【图层面板】中选中这五个图层,点击【 水平居中分布】按钮,得到效果如图 12 - 94 所示。

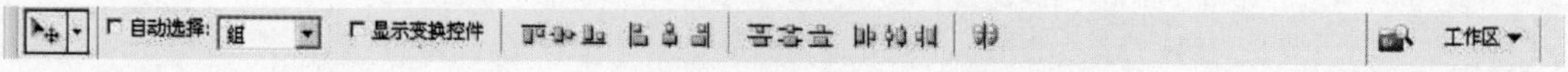

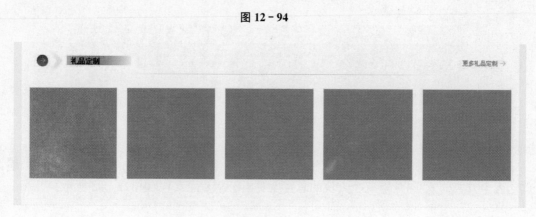

图 12 - 94

图 12 - 95

然后将灰色的方块改成白色,使用【菜单栏】中【图像】—【调整】—【色相/饱和度】(快捷键 Ctrl＋U)调整【亮度】为 100,效果如图 12－96 所示。

图 12－96

加上列表中的文字,使用同样的方法对齐,得到效果如图 12－97 所示。

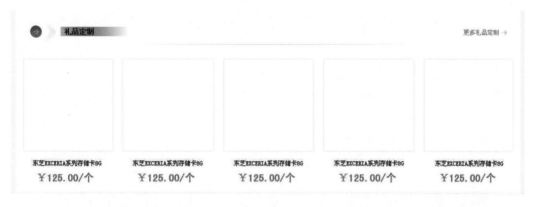

图 12－97

小提示

　　因为后面的列表是一样的,不需要重复制作,只要复制这个图层组、对齐位置并改掉标题文字即可。

12.1.5　页面底部制作与测试图片的添加

步骤 31:

回到 foot 组,制作黑色背景,打好文字,效果如图 12－98:

图 12－98

然后使用【 ✄ 裁剪】工具裁掉页面多余的部分,这样就接近完成了,全图效果如图 12－99:

图 12 - 99

步骤 32:

为了更加接近网页的实际效果,我们需要添加测试内容图片。

选中需要添加测试内容的图片,使用【移动】工具将图片拖动到当前要添加的图层位置之上,选择【单菜栏】中【图层】—【创建剪贴蒙版】(快捷键 Alt＋Ctrl＋G),加入测试广告与测试产品图片。这就和我们的最终效果一样了,如图 12 - 100:

> **小提示**
>
> PS 的使用方法多种多样,因每个人的思维方法不同,制作方法并不是唯一的。多看多做之后会发现自己可以用不同的方法去实现一样的效果,之后就可以根据自己的经验选出最简单的方法了。

设计部分到此完成。本练习的 HTML 及 CSS 部分的制作,我们在此不打算列出。你可以先对照着效果图,自己写写看。

如果你在 HTML 页面制作的过程中还是觉得比较吃力的话,不用着急,可以先做完后面的几个练习。

图 12 - 100

12.2 《芜湖日报报业集团》网站

集团类的网站设计要大气,可以使用如天空、海洋等有气势、开阔的素材。色彩要干净整洁,并且要稳重。

本案例所用到的知识点是我们之前学过的导航列表、新闻列表、浮动布局等。

如图 12 - 101 所示是本例的最终效果,主要包括"图片新闻""新闻速递""通知公告"等栏目。

页面分为头部、导航、广告、主体、友情链接及底部几个部分。其中,头部和导航的背景图片会自动延伸。中间主体部分分为左中右三列,分别是"图片新闻""新闻速递"和"通知公告"三个栏目。为了获得较好的用户体验,我们在导航做了悬停效果。

12.2.1 整体布局

整个页面大体框架不算复杂,主要包括头部、导航条、广告、主体的左、中、右、友情链接以及最下端的版权部分,如图 12 - 102 所示:

图 12 - 101

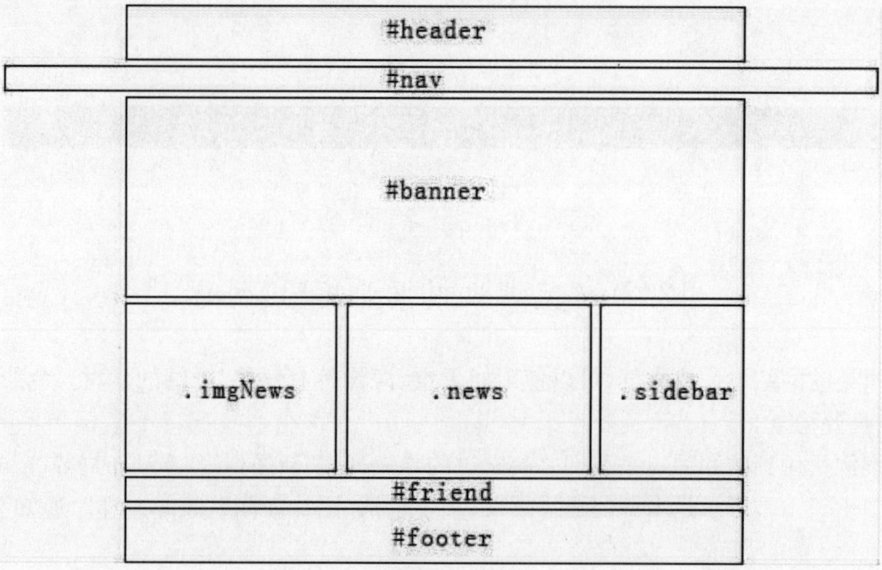

#header

#nav

#banner

.imgNews   .news   .sidebar

#friend

#footer

图 12 - 102

```
<div id="header"></div>
<div id="nav"></div>
<div id="banner"></div>
<div class="main clearfix">
    <div class="imgNews"></div>
    <div class="news"></div>
    <div class="sidebar"></div>
</div>
<div id="friend"></div>
<div id="footer"></div>
```

本结构从上到下分别是 header、nav、banner、main、friend、footer 六个区块,都用 id 来表示。在 main 区块里创建了 imgNews、news、sidebar 三个区块,用 class 来表示。

在 header、nav、banner、main、friend、footer 这几个外层区块中,nav 导航区块不设宽,其他几个均设置宽为 1000px,并且设置 margin:0 auto;让这些区块居中显示。

具体布局样式如下:

```
* { margin:0; padding:0;}
.clearfix:after{ content:""; clear:both; display:block; }
.clearfix{ *zoom:1;}
#header{width:1000px; border:#000 solid 1px; height:85px; margin:0 auto;}
#nav{ height:40px; border:#000 solid 1px;}
#banner{width:1000px; height:314px; margin:0 auto; border:#000 solid 1px;}
.main{width:1000px; margin:0 auto; border:#000 solid 1px;}
.imgNews{ width:343px; height:400px;border:#000 solid 1px; float:left; margin-right:20px;}
.news{width:383px;height:400px;border:#000 solid 1px; float:left; }
.sidebar{width:230px;height:400px;border:#000 solid 1px; float:right; }
#friend{width:1000px; height:40px; margin:0 auto; border:#000 solid 1px;}
#footer{ height:80px; margin:0 auto; width:1000px; border:#000 solid 1px;}
```

得到如下图 12 - 103 所示效果:

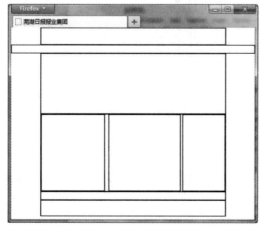

图 12 - 103

12.2.2 部署头部部分

本页面的标题部分页面的主题,要采用 h1 来表示:

```
<div id="header">
    <h1>芜湖日报报业集团</h1>
</div>
```

具体样式如下:

```
#header{
    background:url(../images/headerBg.gif) repeat-x;
    }
#header h1{
    width:1000px;
    height:85px;
    margin:0 auto;
    background:url(../images/logo.gif) no-repeat left;
    text-indent:-9999px;
    }
```

【代码解析】 首先,我们要为 header 定义灰色渐变的背景图,然后为 h1 设置宽高并设置居中。采用图片替换的方法,将 h1 部分的文字移出画面,然后给其定义背景。

本区块比较简单,设置完成之后预览效果如下图 12-104 所示:

图 12-104

接下来的导航部分,我们在第六章已经做过本项目的导航练习,在此不再赘述。

12.2.3 搭建图片新闻区块

图片新闻区块部分主要由一个标题 hd 和一个列表组成。

```
<div class="imgNews">
    <div class="hd"><h2>图片新闻<span>picture</span></h2></div>
    <ul>
        <li>
        <a href="#"><img src="images/tp1.jpg" /></a>
            <h3>走进身边的榜样</h3>
            <p>眼下正值三月学雷锋月,我市中小学广泛组织学生开展学雷锋活动。市聋哑职业
学校学生近日走进镜湖区<a href="#">更多</a></p>
        </li>
        <li>
```

```
            <a href="#"><img src="images/tp2.jpg" /></a>
            <h3>工地是否文明施工 "业绩档案"</h3>
            <p>城市大建设提速,建设工地遍地开花,却往往随之带来市容环境的无序和一定程
度的污染。记者近日从鸠<a href="#">更多</a></p>
          </li>
        </ul>
      </div>
```

由于我们把 h1 分配给了页面中最重
要的 logo 部分,那么剩下的图片新闻、新
闻速递、通知公告这三个标题部分自然用
h2 来表示。在 h2 里的灰色部分的英文单
词,我们用 span 框起来,以便于对其设置
样式。

图 12 - 105

长细线部分是通过给 hd 定义一个一
像素的下边框而实现的效果,而短灰线部
分是通过给 h2 定义一个宽度并显示下边
框实现的。然后再设置一下 h2 以及 h2 里
的 span 的样式,就得到了图 12 - 105 中的
效果。

具体样式如下,这里要注意 h2 外部的 hd 区块前面不能加上父元素名,否则后两个区块
不能复用。

```
.hd{border-bottom:#CCC solid 1px; margin-bottom:10px;}
.hd h2 {font-size:16px; color:#C00; border-bottom:#ccc solid 1px; width:130px; line-
height:30px;}
.hd h2 span{color:#999; font-family:Arial; font-weight:normal; margin-left:5px;}
```

接下来是列表内容部分。此部分也是列表,只是稍微复杂了一点。在每一个 li 里首先
有一个图片,然后是标题 h3,最后是段落 p。

此区块完整样式如下:

```
.imgNews{
    width:343px;
    /* border:#F00 solid 1px; */
    float:left;
    }
.news{
    width:383px;
    /* border:#F00 solid 1px; */
    float:left;
    margin-left:20px;
    }
```

```
.imgNews img{
    border: #CCC solid 1px;
    padding: 4px;
    float: left;
    margin-right: 10px;
    }
.imgNews h3{
    font-size: 12px;
    }
.imgNews p{
    font-size: 12px;
    color: #666;
    line-height: 23px;
    text-indent: 2em;
    }
.imgNews ul li{
    margin-bottom: 10px;
    / * display: inline-block; * /
    }
.imgNews p a{
    color: #F00;
    }
```

利用给图片添加左浮动来使 h3 和 p 段落靠到图片的右侧。同时我们又为图片添加了
margin-right: 10px;来实现图片与文字之间留出空隙的效果。

12.2.4　搭建新闻速递

新闻速递部分也是我们第六章练习过的。和我们之前所做的练习稍微有一点不同的
是,每条新闻后面有一个灰色的日期,如图 12 - 106:

图 12 - 106

```
〈div class="news"〉
    〈div class="hd"〉
        〈h2〉新闻速递〈span〉news〈/span〉〈/h2〉
    〈/div〉
    〈ul〉
        〈li〉〈span〉2013/09/16〈/span〉〈a href="#"〉全方位"留人"为人才建设优化软环境 〈/a〉〈/li〉
        〈li〉〈span〉2013/09/16〈/span〉〈a href="#"〉镜头中的"中国电缆之乡"〈/a〉〈/li〉
        〈li〉〈span〉2013/09/16〈/span〉〈a href="#"〉全方位"留人"为人才建设优化软环境 〈/a〉〈/li〉
        〈li〉〈span〉2013/09/16〈/span〉〈a href="#"〉镜头中的"中国电缆之乡"〈/a〉〈/li〉
        〈li〉〈span〉2013/09/16〈/span〉〈a href="#"〉全方位"留人"为人才建设优化软环境 〈/a〉〈/li〉
        〈li〉〈span〉2013/09/16〈/span〉〈a href="#"〉镜头中的"中国电缆之乡"〈/a〉〈/li〉
        〈li〉〈span〉2013/09/16〈/span〉〈a href="#"〉全方位"留人"为人才建设优化软环境 〈/a〉〈/li〉
        〈li〉〈span〉2013/09/16〈/span〉〈a href="#"〉镜头中的"中国电缆之乡"〈/a〉〈/li〉
    〈/ul〉
〈/div〉
```

我们在结构中利用 span 来表示时间,并且放到了每条新闻之前。这样做是为了防止时间因右浮动后出现换行错位。具体 css 代码如下:

```
.news li{
    line-height:28px;
    border-bottom:#CCC dashed 1px;
    padding-left:13px;
    background:url(../images/sj_tb.gif) no-repeat left;
    }
.news li a{
    font-size:12px;
    color:#000;
    }
.news li a:hover{ color:#C00;}
.news li span{
    float:right;
    color:#999;
    font-size:12px;
    }
```

12.2.5 搭建通知公告

此部分主要是一个新闻列表加几张图片,如图 12 - 107:

图 12 - 107

```
<div class="sidebar">
    <div class="hd">
        <h2>通知公告<span>notice</span></h2>
    </div>
    <ul>
        <li><a href="#">关于单位工作人员申报职称的通知</a></li>
        <li><a href="#">关于中秋放假安排的通知</a></li>
        <li><a href="#">关于单位工作人员申报职称的通知</a></li>
        <li><a href="#">关于中秋放假安排的通知</a></li>
        <li><a href="#">关于单位工作人员申报职称的通知</a></li>
    </ul>
    <div class="sever">
        <a href="#"><img src="images/tb1.gif" /></a>
        <a href="#"><img src="images/tb2.gif" /></a>
        <a href="#"><img src="images/tb3.gif" /></a>
        <a href="#"><img src="images/tb4.gif" /></a>
    </div>
</div>
```

本区块里上部也是一个新闻列表,和前面的"新闻速递"相比,只是前面的背景图标不同。为了便于样式控制,我们将服务部分的四个图片链接放到了一个 sever 的 div 里。具体 CSS 代码如下:

```
.sidebar ul{
    margin-bottom:10px;
    }
.sidebar li{
    border-bottom:#CCC dotted 1px;
    background:url(../images/dot2.gif) no-repeat left;
    padding-left:15px;
    }
.sidebar a{
    font-size:12px;
    line-height:28px;
    color:#000;
    }
.sidebar img{
    border:0;
    display:inline;
    }
```

下面的友情链接与底部版权区块,样式设置非常简单,在此不再赘述。建议不要看源码,先自己做一遍试试看。

12.3　《佳友宠物美容摄影工作室》

饲养宠物已成为都市人的时尚。越来越多的宠物猫、宠物狗悠然走进居民小区,俨然成为人们家庭中的一员。

本节我们将带大家制作一个宠物网站,如图 12-108 所示是本例的最终效果。

案例重点练习知识点:背景的应用、绝对定位、焦点图等。

本案例看起来是不是有点面熟? 我们在讲"背景练习——同时定义背景图与背景色"的时候用过这个页面的背景图;我们在第六章讲新闻列表的时候,做过本页面的爱宠知识部分;在讲图片列表的时候,做过本页面的图片列表部分;本页面的焦点图部分我们在第十一章 jQuery 特效练习过,只不过在这里多了一个"最新作品"的拐角标签。

先分析下整个页面的结构,如图 12-109:

Web 标准网页制作实例教程

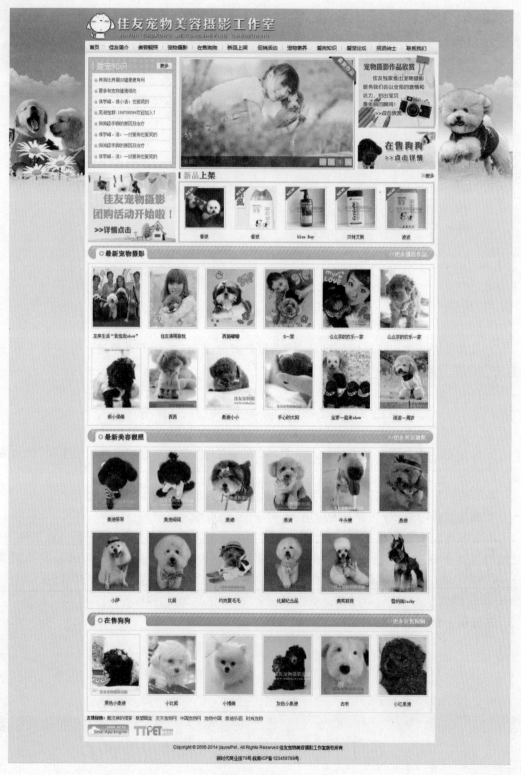

图 12－108

```
┌─────────────────────────────────────────────────────┐
│                      #header                          │
├─────────────────────────────────────────────────────┤
│                       #nav                            │
├────────────┬──────────────────────┬──────────────────┤
│            │                      │                  │
│            │                      │                  │
│   .news    │       .scroll        │    .sidebar      │
│            │                      │                  │
│            │                      │                  │
├────────────┼──────────────────────┴──────────────────┤
│            │                                          │
│  .banner   │              .products                   │
│            │                                          │
├────────────┴──────────────────────────────────────────┤
│                                                        │
│                     .imgList                           │
│                                                        │
├────────────────────────────────────────────────────────┤
│                                                        │
│                     .imgList                           │
│                                                        │
├────────────────────────────────────────────────────────┤
│                                                        │
│                     .imgList                           │
│                                                        │
├────────────────────────────────────────────────────────┤
│                      .friend                           │
├────────────────────────────────────────────────────────┤
│                      .footer                           │
└────────────────────────────────────────────────────────┘
```

图 12 - 109

12.3.1 整体布局

本案例整体用到的大的区块如下所示：

```
<div id="header"></div>
<div id="nav"></div>
<div class="main clear"></div>
<div class="main clear "></div>
<div class="imgList"></div>
<div class="imgList"></div>
<div class="imgList"></div>
<div class="friend"></div>
<div class="footer"></div>
```

从上到下依次是头部 header、导航 nav、两个用来放内部子区块的 main、三个图片列表区块 imgList、友情链接 friend 和底部 footer。

然后在此基础上细分，两个 main 里的第一个 main 区块里放 news、scroll、sidebar，第二个 main 里放 banner 和 products，进一步细分的结构如下：

```
<div id="header"><h1>佳友宠物店</h1></div>
<div id="nav">
    <ul></ul>
</div>
<div class="main clearfix">
    <div class="news"></div>
    <div class="rollMain"></div>
    <div class="sidebar"></div>
</div>
<div class="main clearfix">
    <div class="banner"></div>
    <div class="products"></div>
</div>
<div class="imgList">
    <div class="hd"><a href="#">更多</a><h2>最新宠物摄影</h2></div>
    <ul></ul>
</div>
<div class="imgList">
    <div class="hd"><a href="#">更多</a><h2>最新宠物摄影</h2></div>
    <ul></ul>
</div>
<div class="imgList">
    <div class="hd"><a href="#">更多</a><h2>最新宠物摄影</h2></div>
    <ul></ul>
</div>
<div class="friend"></div>
<div class="footer"></div>
```

有些区块添加了 clearfix 类,如〈div class="main clearfix"〉。

元素浮动后对布局产生了影响,这时就可以根据需要添加 clearfix 类,来闭合浮动。前提是我们在样式里要有以下样式作为支持:

```
.clearfix:after{
    content:"";
    clear:both;
    display:block;
    }
.clearfix{ *zoom:1;}
```

通常都是在制作的时候发现了问题才会加 clearfix,并不是一开始就会加好,而是根据需要边做边调整。

12.3.2　全局样式

下面我们就开始样式的编写。首先分析全局,可以发现有很多地方是一样的,因此可以在样式的开头将通用的样式先写出来。全局样式如下:

```
*{ margin:0; padding:0;}
li{ list-style:none;            /*去除全部 li 默认黑点*/}
a{ text-decoration:none;        /*定义所有的 a 链接默认无下划线*/}
.clearfix:after{
    content:"";
    clear:both;
    display:block;
    }
.clearfix{ *zoom:1;}
img{ border:0;                  /*定义所有的图片默认无边框*/}
```

【代码分析】　从全局看,整个页面的所有的 li 都不需要前面的黑点,不论是新闻列表还是图片列表都不需要。因此,我们直接定义 li{ list-style:none;},将所有的 li 前默认的黑点去除。页面中有很多地方需要通过伪元素来闭合浮动,因此在样式的开头我们也声明了.clearfix:after 类以及兼容 IE6 的.clearfix{ *zoom:1;}。页面上用到了很多图片,将所有图片的默认边框清除,因此这里声明了 img{ border:0;}来作用于所有图片。

12.3.3　整体背景及头部定义

在本书第三章,我们做过一个同时定义背景图与背景色的练习,用的就是本例的图片。这里由于我们将网站的主题"佳友宠物美容摄影工作室"几个字以图的形式做到了背景里,因此还要在头部区域 header 里添加让搜索引擎抓取的 h1 标签。具体样式如下:

```
body{
    background:#d6f4a8 url(../images/body_bg.jpg) no-repeat top;
    font-size:12px;
    }
#header{
    width:1000px;
    height:90px;
    margin:0 auto;
    border:#000 solid 1px;
    }
```

h1 标签里的主题文字显示到了 header 里，如图 12－110。这里我们可以利用 text-indent来将其移出画面。

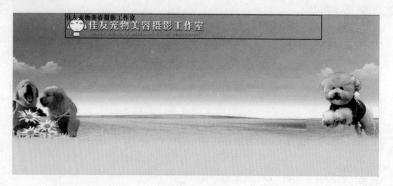

图 12－110

```
#header h1{text-indent:-9999px;}
```

12.3.4 搭建导航部分

导航的练习我们在第六章已经做过，具体的制作方法在此不再赘述。具体样式如下：

```
#nav{
    width:1000px;
    height:35px;
    background:url(../images/menu_bg.png);
    margin:0 auto;
    }
#nav li{
    float:left;
    background:url(../images/nav_line.gif) no-repeat right;
    }
#nav a{
    line-height:35px;
    padding:0 14px;
```

```
        color：#000；
        font-family:微软雅黑；
        font-size:14px；
        }
#nav a:hover{
        text-decoration:underline；
        color：#F00；
        }
#nav .none{ background:none;}
```

　　样式中需要注意的一点是,我们利用了最后一个 li 的 class 名来将右侧边框定义为无#
nav . none{ background:none;}。导航部分效果如图 12 - 111：

图 12 - 111

12.3.5　主体 main

　　在结构中,我们将爱宠知识、焦点图以及右侧两个广告放到了第一个 main 里。而下面
的摄影团购广告和新品上架部分我们放到了第二个 main 里。两个 main 都有相同的特性,
为了方便起见,我们给它设置了一个边框属性:

```
. main{
        width:980px；
        background：#FFF；
        margin:0 auto；
        padding:10px 10px 0 10px；
        border:#000 solid 1px；      /＊为 main 设置黑色边框,以便于清楚地看到两个主体区块＊/
        }
```

　　整体 main 显示如图 12 - 112：

图 12 - 112

12.3.6　首 main 三栏布局

　　将整体 main 区块样式写好之后,下面就针对每个 main 里的栏目进行布局。首先从第

一个 main 开始布局。第一个 main 里分为爱宠知识、焦点图以及侧栏广告区块,我们利用浮动布局将其设置成并排的三栏。子栏目浮动,父栏目自然要添加 clearfix 类来闭合浮动。

　　下面先对三栏进行布局。这里我们对三栏进行宽高及边框设置,并利用浮动让他们三栏在一横排显示,具体样式如下:

```
.news{
    width:230px;
    height:269px;
    border:#000 solid 1px;
    float:left;
    }
.rollMain{
    width:483px;
    height:269px;
    border:#000 solid 1px;
    float:left;
    margin-left:10px;
    }
.sidebar{
    width:220px;
    height:269px;
    border:#000 solid 1px;
    float:right;
    }
```

　　通过以上样式将其设置成左中右三栏,为了排版方便,临时给三栏都设置了高度。当我们往里面填充内容后,应该将高度全部删掉,以内容来撑起区块的高度,否则固定的高度不会有弹性。此时效果如下图 12 - 113:

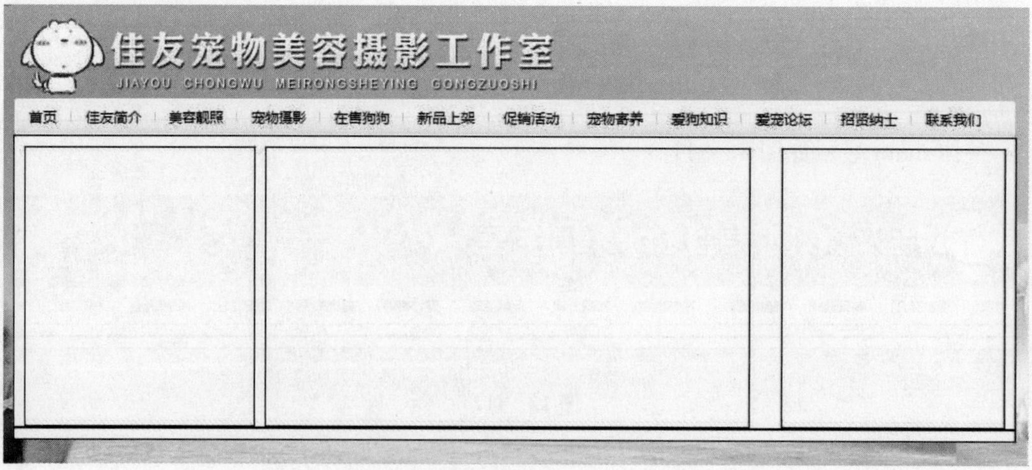

图 12 - 113

12.3.7　搭建爱宠知识

爱宠知识部分,我们在第六章已经做过此练习,在此不必赘述。前面列表相关知识学的扎实的同学,这里应该没任何问题。

爱宠知识部分设置完成,效果如下图 12 - 114：

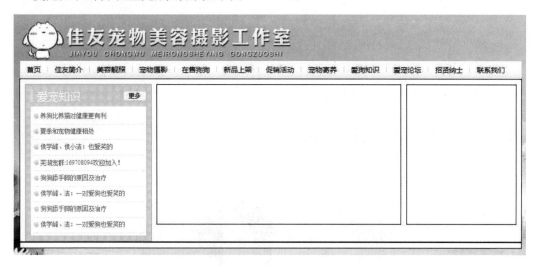

图 12 - 114

12.3.8　搭建焦点图

焦点图部分,我们在结构里已经设置好了 rollMain 区块,下面我们在里面填充其 html内容：

```
〈div class="rollMain"〉
    〈span〉〈/span〉
    〈div class="roll"〉
        〈ul class="rImg"〉
            〈li〉〈a href="#"〉〈img src="images/01.jpg" /〉〈/a〉〈/li〉
            〈li〉〈a href="#"〉〈img src="images/02.jpg" /〉〈/a〉〈/li〉
            〈li〉〈a href="#"〉〈img src="images/03.jpg" /〉〈/a〉〈/li〉
            〈li〉〈a href="#"〉〈img src="images/04.jpg" /〉〈/a〉〈/li〉
        〈/ul〉
        〈ul class="rTit"〉
            〈li〉标题一〈/li〉〈li〉标题二〈/li〉〈li〉标题三〈/li〉〈li〉标题四〈/li〉
        〈/ul〉
        〈ul class="rNum"〉
            〈li class="current"〉1〈/li〉〈li〉2〈/li〉〈li〉3〈/li〉〈li〉4〈/li〉
        〈/ul〉
    〈/div〉
〈/div〉
```

【结构分析】 首先,在焦点图区块 rollMain 里设置一个空的 span 标签,它的作用是用来设置焦点图右上角的"最新作品"标签。整个焦点图内容部分,我们放到了区块 roll 里面。

焦点图的制作我们在上一章已经讲过,在此不再赘述,将之前第 11 章保存的 jdt. css 与 js 文件引入进来即可。

首先引入焦点图所需文件:

```
<link rel="stylesheet" type="text/css" href="css/jdt.css" media="all" />
<script type="text/javascript" src="js/jquery-1.7.2.js"></script>
<script type="text/javascript" src="js/jdt.js"></script>
```

这时焦点图效果如图 12 - 115:

图 12 - 115

这时,如图 12 - 115,可以看到之前我们为焦点图的主体 rollMain 设置的高度不足以容纳下整个焦点图部分,为 rollMain 设置的黑色边框没有整个包裹住里面的 roll 焦点图部分。现在将开始设置的焦点图的主体 rollMain 的高度删除,让里面的内容将其撑起。

```
.rollMain{
    width:483px;
    height:269px;              /* 删除高度 */
    border:#000 solid 1px;
    float:left;
    margin-left:10px;
    }
```

将高度删除之后,其高度自然由内部的 roll 部分给撑了起来,如图 12 - 116。

下面我们继续对 rollMain 进行进一步的样式的设置。

图 12 - 116

```
. rollMain{
    width:483px;
    float:left;
    margin-left:10px;
    background:#E8E8E8;      /* 给 rollMain 设置灰色背景 */
    padding:4px;             /* 给 rollMain 设置一个 4 像素的内间距 */
    border:#999 solid 1px;   /* 重新设置边框为灰色 */
    position:relative;       /* 设置 rollMain 为相对定位,以便于其内部 span 进行绝对定位 */
}
```

这时焦点图部分便有了灰色背景,及深灰色边框。同时,我们为其设置了相对定位 relative,为内部的"最新作品"的小标签进行绝对定位做好准备,此时效果如图 12 - 117 所示:

图 12 - 117

下面进行右上角的"最新作品"标签的制作,为 rollMain 里的 span 设置宽、高等样式:

```
. rollMain span{
    width:78px;
    height:78px;
    display:block;
    border:#000 solid 1px;
    }
```

在上面的样式中,我们给 span 设置了宽高,转区块并设置黑色边框后,可在页面中看到 span 的显示。这时,由于我们还没有对其进行绝对定位,它还在文档流中占据着相应的位置,目前效果如图 12 - 118:

图 12 - 118

下面继续设置 span 标签部分:

```
. rollMain span{
    width:78px;
    height:78px;
    display:block;
    border:#000 solid 1px;
    background:url(.. /images/bq. png);      / * 为 span 设置背景图 * /
    position:absolute;                        / * 并设置其绝对定位 * /
    z-index:1;                                / * 设置 span 的位深度为 1,让其置于最上层,其他为
设置深度均默认为 0 * /
    }
```

我们为 span 定义了绝对定位、背景以及相应的位深度后,这时的标签效果如下图 12 - 119 所示。

我们还要通过方向设置,使其定位到右上角,继续添加属性。

图 12 - 119

```
.rollMain span{
    width:78px;
    height:78px;
    display:block;
    border:#000 solid 1px;
    background:url(../images/bq.png);
    position:absolute;
    z-index:1;
    right:－5px;              /*设置离右侧距离为－5 像素*/
    top:－5px;               /*设置离上部距离为－5 像素*/
}
```

　　由于需要该标签超出容器的范围,让其正好卡到容器的边框上,我们为其设置了负值,使其进一步向右和向上移动 5 像素。效果如图 12 - 120。

图 12 - 120

12.3.9 搭建右侧广告区块

右侧广告栏的内容只有两张图片,html 如下:

```
<div class="sidebar">
    <a href="#"><img src="images/photoBanner.jpg" style="margin-bottom:8px;" /></a>
    <a href="#"><img src="images/zaishou.jpg" /></a>
</div>
```

侧栏里的内容只有两张加了链接的图片,填充内容后,我们要在侧栏样式里将高度删除。

```
.sidebar{
    width:220px;
    height:269px;
    border:#000 solid 1px;
    float:right;
    }
```

这时,侧栏的效果如图 12-121 所示:

图 12-121

目前侧栏的位置还需要进行进一步设置。为了达到更加美观的效果,我们还需要让侧栏区域继续向上向右靠一点。但是如何才能超出父容器 padding:10px 的限制呢? 下面继续设置:

```
.sidebar{
    width:220px;
    float:right;
    margin-right:-5px;      /*设置侧栏离右侧-5*/
    margin-top:-9px;        /*设置侧栏离上部-9*/ }
```

我们利用 margin 的负值实现了想要的效果,如图 12‐122,挣脱了其父容器 padding:10px 的限制。效果实现后,将边框删除或者注释掉即可。

到目前为止,首个 main 主体区块里的三个子栏目全部设置完成。

12.3.10　搭建左侧广告及新品上架

第二个主体栏里的左侧广告部分以及"新品上架"区块,是一个简单的左右布局,布局方法在此不再赘述。

"新品上架"中的图片列表部分利用了同样的拐角标签如图 12‐123,制作方法和焦点图上的拐角标签大同小异,具体第二主体栏 html 代码如下:

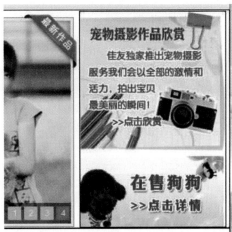

图 12‐122

图 12‐123

```
<div class="main clearfix">
    <div class="banner">
    <a href="#"><img src="images/banner.jpg" /></a>
    </div>

    <div class="product">
    <div class="hd"><a href="#">>>更多</a><h2>新品<span>上架</span></h2></div>
        <ul class="clearfix">
            <li><span></span><a href="#"><img src="images/xp1.jpg" />香波</a></li>
            <li><span></span><a href="#"><img src="images/xp2.jpg" />香波</a></li>
            <li><span></span><a href="#"><img src="images/xp3.jpg" />blue Bay</a></li>
            <li><span></span><a href="#"><img src="images/xp4.jpg" />贝特艾斯</a></li>
            <li><span></span><a href="#"><img src="images/xp5.jpg" />波波</a></li>
        </ul>
    </div>
</div>
```

本区块样式如下:

```
. banner{float:left; width:253px;}
. product{width:720px;float:right;}
. product . hd{padding-left:8px;border-left:#c74c4d solid 5px;margin-bottom:7px;}
. product . hd a{float:right;}
. product h2{ color:#83b200; font-size:22px; height:17px; line-height:17px;}
. product h2 span{ color:#000;}
. product ul{ border:#98d02c solid 3px;}
. product ul li{ width:116px; float:left; margin:12px 13px 0 13px; position:relative; text-align:
    center;line-height:25px; _display:inline; word-wrap:break-word;}
. product img{border:#CCC solid 1px; padding:3px; width:108px; height:108px;}
. product li span{ display:block; width:42px; height:39px;background:url(../images/new.png);
    position:absolute; top:0; left:0;}
```

12.3.11　搭建图片列表部分

后面三栏图片列表部分的效果基本相同,只有每一个栏位的标题部分的背景不同。由于我们在第 11 章已经做过此练习,下面将其 html 代码列出。为了节省版面,我们省略了部分代码,具体 html 如下:

```
<div class="imgList">
    <div class="hd green"><a href="#">>>更多摄影作品</a><h2>最新宠物摄影</h2></div>
    <ul class="clearfix">
        <li><a href="#"><img src="images/sy1.jpg" />左岸生活"我宠我 show"</a></li>
        ……
    </ul>
</div>

<div class="imgList">
    <div class="hd yellow"><a href="#">>>更多美容靓照</a><h2>最新美容靓照</h2></div>
    <ul class="clearfix">
    <li><a href="#"><img src="images/z1.jpg" />泰迪呆呆</a></li>
        ……
    </ul>
</div>

<div class="imgList clearfix">
    <div class="hd blue"><a href="#">>>>更多在售狗狗</a><h2>在售狗狗</h2></div>
    <ul class="clearfix">
        <li><a href="#"><img src="images/zs1.jpg" />黑色小泰迪</a></li>
        ……
    </ul>
</div>
```

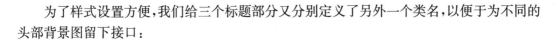

为了样式设置方便，我们给三个标题部分又分别定义了另外一个类名，以便于为不同的头部背景图留下接口：

```
<div class="hd green"><a href="#">>>更多摄影作品</a><h2>最新宠物摄影</h2></div>
<div class="hd yellow"><a href="#">>>更多摄影作品</a><h2>最新宠物摄影</h2></div>
<div class="hd blue"><a href="#">>>更多在售狗狗</a><h2>在售狗狗</h2></div>
```

此部分和我们之前第六章练习过的图片列表基本相同，样式在此省略。先不要看源码，自己动手写写看。

12.3.12　搭建友情链接及底部版权

最后，友情链接和底部版权部分 html 代码如下：

```
<div class="main friend">
    <ul class="clearfix">
    <li>友情链接：</li>
        <li><a href="#">戴汶倬的博客</a></li>
        <li><a href="#">联盟画室</a></li>
        <li><a href="#">天天宠物网</a></li>
        <li><a href="#">中国宠物网</a></li>
        <li><a href="#">宠物中国</a></li>
        <li><a href="#">泰迪乐园</a></li>
        <li><a href="#">时尚宠物</a></li>
    </ul>
    <ul class="clearfix">
        <li><a href="#"><img src="images/poweredby.png" /></a></li>
        <li><a href="#"><img src="images/wuhujiayoulogo.gif" /></a></li>
    </ul>
</div>
<div id="footer">
    <p>Copyright 2005-2014 jiayouPet. All Rights Reserved 佳友宠物美容摄影工作室版权所有</p>
    <p>新时代商业街 79 号 皖 ICP 备 123456789 号</p>
</div>
```

在友情链接部分用到了两个列表，一个文字列表一个图片列表。底部版权部分用到了两个段落 p。样式代码如下：

```
. friend ul{ padding-bottom:10px;}
. friend li{ float:left; }
. friend li a{ margin-right:10px; color:#006600;}
#footer p{
    text-align:center;
    line-height:30px;
    }
```

设置完成后,效果如图 12 - 124 所示:

图 12 - 124

页面全部设置完成之后,将一开始我们设置的用来看到其范围的边框注释掉或者删除掉即可。

12.4　团购类网站《大江乐购》

随着互联网的发展,2010 年团购网站如雨后春笋般涌现,走在电子商务网络购物前沿地带。由于团购价格便宜、产品多样,很多网民都选择网上团购、网上在线支付货款。

本例学习团购类网站的制作过程,重点练习 class 类的高级用法、position 定位、层的显示与隐藏特效。最终效果如图 12 - 125 所示。

12.4.1　整体布局

网页整体布局从上到下依次是 top、header、nav、filter、main、helper、footer 几个区块,主体栏 main 里分为 content 与 sidebar。整体结构如图 12 - 126:

```
<div class="top"></div>
<div class="header"></div>
<div class="nav"></div>
<div class="filter clearfix"></div>
<div class="main clearfix">
    <div class="content"></div>
    <div class="sidebar"></div>
</div>
<div class="helper"></div>
<div class="footer"></div>
```

由于父容器 filter 以及 main 区块里的内容有浮动定位,会引起父容器向上塌陷。因此,我们在 filter 和 main 的类名后面又添加了另外一个类名 clearfix,用来闭合浮动。整体

图 12－125

的布局方法在此不再赘述，下面我们分别讲解几个重点模块的制作。

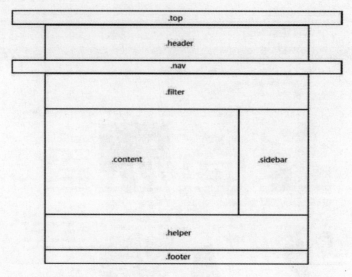

图 12 - 126

12.4.2 搭建导航菜单

导航菜单的最后一个"我的团购"部分,与其他链接不同,里面还有一层 ul 结构,用来显示与隐藏。具体代码如下:

```
〈div class="nav"〉
    〈ul〉
        〈li〉〈a href="#"〉首页〈/a〉〈/li〉
        〈li〉〈a href="#"〉聚划算〈/a〉〈/li〉
        〈li〉〈a href="#"〉天天特价〈/a〉〈/li〉
        〈li〉〈a href="#"〉品牌特卖〈/a〉〈/li〉
        〈li〉〈a href="#"〉往期团购〈/a〉〈/li〉
        〈li〉〈a href="#"〉积分兑换〈/a〉〈/li〉
        〈li〉〈a href="#"〉常见问题〈/a〉〈/li〉
        〈li〉〈a href="#"〉商家合作〈/a〉〈/li〉
        〈li class="my"〉
          〈span〉〈a href="javascript:void(0)"〉我的团购▼〈/a〉〈/span〉
            〈ul〉
                〈li〉〈a href="#"〉我的订单〈/a〉〈/li〉
                〈li〉〈a href="#"〉我的评价〈/a〉〈/li〉
                〈li〉〈a href="#"〉我的收藏〈/a〉〈/li〉
                〈li〉〈a href="#"〉我的成长〈/a〉〈/li〉
                〈li〉〈a href="#"〉我的余额〈/a〉〈/li〉
                〈li〉〈a href="#"〉账户充值〈/a〉〈/li〉
                〈li〉〈a href="#"〉账户设置〈/a〉〈/li〉
            〈/ul〉
        〈/li〉
    〈/ul〉
〈/div〉
```

这里的"我的团购"部分要用到层的显示与隐藏的效果,来控制 my 下 ul 的显示与隐藏。首先我们要把 my 里 ul 的样式写好,才能让其默认为隐藏。设置导航部分具体样式如下:

```
.nav{
    background:url(../images/nav_bg.gif) repeat-x;height:42px; margin-bottom:10px; }
.nav ul{
    width:1000px;margin:0 auto;}
.nav ul li{float:left;background:url(../images/nav_line.gif) no-repeat right; }
.nav ul li a{ font-size:14px; color:♯FFF; padding:0 25px; line-height:42px;font-weight:bold;
display:block; }
.nav .my{float:right; position:relative; background:none; }
.nav .my span a{ color:♯FF0;}
.my ul{
    display:none;        /*设置其默认为隐藏状态*/
    position:absolute;    /*设置为绝对定位,使其从文档流中流出,不占用下面 filter 区块的空
间*/
    left:15px;border:♯ccc solid 1px; width:100px;background:♯FFF; }
.my ul li{ float:none;background:none; }
.my ul li a{ color:♯000; font-size:12px; font-weight:normal;line-height:27px; display:block;}
.my ul li a:hover{ background:♯f8f8f8; color:♯F90; }
```

代码中.my ul 里的 display:none;的作用是设置其默认为隐藏状态,当鼠标划过其上时才显示。

position:absolute;的作用是使其从文档流中流出,不占用下面的空间,如果没有此句样式的话,当鼠标划过时会是如图 12 - 127 的效果。

如图,区块会将下面的内容挤到最底部。而有了 position:absolute;这句样式,问题就解决了,效果如图 12 - 128:

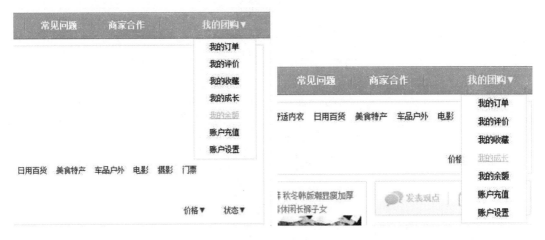

图 12 - 127　　　　　　　　　　　　　　图 12 - 128

12.4.3 搭建分类筛选区块

此区块里的"价格"与"状态"两个地方也用到了层的显示与隐藏，如图 12 - 129。整体结构如下：

```
〈div class="filter clearfix"〉
    〈h2〉分类:〈/h2〉
    〈ul class="fNav"〉
        〈li class="selected"〉〈a href="#"〉全部〈/a〉〈/li〉
        〈li〉〈a href="#"〉19.9 包邮〈/a〉〈/li〉
        ……
        〈li〉〈a href="#"〉明日预告〈/a〉〈/li〉
    〈/ul〉
    〈div class="screen clearfix"〉
    〈p〉〈strong〉筛选:〈/strong〉共为您筛选出〈span〉120〈/span〉个宝贝〈/p〉
        〈div class="zt UpLayer"〉
            〈span〉〈a href="javascript:void(0)"〉状态▼〈/a〉〈/span〉
            〈ul〉
                〈li〉〈a href="#"〉全部〈/a〉〈/li〉
                〈li〉〈a href="#"〉进行中〈/a〉〈/li〉
                〈li〉〈a href="#"〉即将开始〈/a〉〈/li〉
                〈li〉〈a href="#"〉已结束〈/a〉〈/li〉
                〈li〉〈a href="#"〉抢光了〈/a〉〈/li〉
            〈/ul〉
        〈/div〉

        〈div class="jg UpLayer"〉
            〈span〉〈a href="javascript:void(0)"〉价格▼〈/a〉〈/span〉
            〈ul〉
                〈li〉〈a href="#"〉全部〈/a〉〈/li〉
                〈li〉〈a href="#"〉50 元以下〈/a〉〈/li〉
                〈li〉〈a href="#"〉50－100 元〈/a〉〈/li〉
                〈li〉〈a href="#"〉100－200 元〈/a〉〈/li〉
                〈li〉〈a href="#"〉200－300 元〈/a〉〈/li〉
                〈li〉〈a href="#"〉300 元以上〈/a〉〈/li〉
            〈/ul〉
        〈/div〉
    〈/div〉
〈/div〉
```

其样式设置同导航上的"我的团购"部分基本一致,设置方法在此不再赘述,这里我们练习的重点是层的显示与隐藏。

此部分的最终效果如图 12-130:

图 12-130

当鼠标划过"价格"与"状态",分别会弹出相应的隐藏内容。

整个页面中"我的团购"、"价格"、"状态"三个部分的显示与隐藏 jQuery 代码部分如下:

```
$(document).ready(function(){
    var my = ".my";
    $(my).mouseover(function(){$(".my ul").show();});
    $(my).mouseout(function(){$(".my ul").hide();});

    var zt = ".zt";
    $(zt).mouseover(function(){$(".zt ul").show();});
    $(zt).mouseout(function(){$(".zt ul").hide();});

    var jg = ".jg";
    $(jg).mouseover(function(){$(".jg ul").show();});
    $(jg).mouseout(function(){$(".jg ul").hide();});
});
```

三个地方的弹出隐藏层效果完全相同。分别通过不同的类名获取相应的区块,并赋值给声明的变量。这里,为了方便理解,我们起的变量名和类名都相同。当鼠标 mouseover(鼠标悬停之上)时,触发 show()效果。当鼠标 mouseovut(鼠标离开)时,触发 hide()效果。

12.4.4 搭建商品列表部分

此部分整体看其实就是一个结构复杂一点的图片列表。列表的上部左上角图标有两种可能,分别是"淘宝"与"天猫"的图标。列表的下部按钮部分有四种可能分别是:"去抢购"、"即将开始"、"已结束"和"抢光了"。效果如图 12-131。

由于篇幅有限,这里我们只列出了商品列表中的一个列表结构:

图 12 - 131

```
<li>
    <i class="tao"></i>
    <p class="about">阿德拉 加厚坐垫子椅垫办公室垫冬季沙发垫坐垫餐椅垫毛绒坐垫</p>
    <a href="#"><img src="images/1.jpg" alt="" /></a>
    <p class="time"><span><strong>3.51</strong>折</span>开始:07 月 16 日 12 时 00 分</p>
    <a class="buy go" href="#">
        <span class="money">￥</span>
        <span class="now">9.90</span>
        <span class="old">￥19.80</span>
    </a>
</li>
```

结构中的〈i〉标签用来定义淘宝与天猫图标背景。设置 class 名为 tao 的〈i class=
"tao"〉〈/i〉标签,tao 就用来定义淘宝图标的背景。如果换成〈i class="tian"〉〈/i〉,就是用来
定义天猫图标的背景。结构中 class 名为 about 的 p 标签用来定义产品的简介信息。

接下来就是列表中的主体图片部分:〈a href="#"〉〈img src="images/1.jpg" alt="" /〉〈/a〉。

下面的一个 a 链接定义了两个 class 名,分别是 buy 和 go,buy 用来定义其宽度与高度
等设置。而 go 是用来定义"去抢购"的背景,同时我们在样式里还写了 start、end 和 sellout
几个背景样式,这样就轻松实现了当定义为 go 时,显示"去抢购"背景;当定义为 start 时,显
示的是"即将开始"的背景;当定义为 end 时,显示的是"已结束"的背景;当定义为 sellout
时,显示的是"卖光了"的背景。

图片列表区块完整样式如下:

```
.content ul li{
    width:220px; padding:10px; border:#CCC solid 1px;background:#FFF; position:relative;
    float:left;_display:inline;margin:0 10px 10px 0; _margin:0 8px 8px 0; }
.content ul li:hover{border:#F60 solid 1px; }
.content i{width:16px; height:16px; position:absolute; left:10px; top:10px;}
.content .tao{ background:url(../images/tao.gif) no-repeat;     /*定义淘宝背景的类.tao*/}
.content .tian{ background:url(../images/tian.gif) no-repeat;    /*定义天猫背景的类.tian*/}
.content ul li .about{color:#666; text-indent:2em; line-height:20px; }
.content ul li img{ width:222px;height:222px; }
.content ul li .time{ filter: alpha(opacity=50); background-color: black; opacity: 0.5;
    position:absolute;            /*利用绝对定义将其定位到图片之上的底部位置*/
    bottom:55px; left:10px; color:#FFF; width:212px; line-height:18px; padding:0 5px; }
.content ul li .time span{float:right;}
.content ul li .time span strong{color:#090; }
.buy{ width:222px; height:44px; line-height:44px; display:block;color:#FFF; }
.buy:hover{ text-decoration:none; }

.go{background:url(../images/goods_tag_status.png) no-repeat; /*定义去抢购背景*/ }
.go:hover{background:url(../images/goods_tag_status.png) no-repeat 0 -44px;}
.start{ background:url(../images/goods_tag_status.png) 0 -88px;     /*定义即将开始背景*/}
.sellout{ background:url(../images/goods_tag_status.png) 0 -132px; /*定义卖光了背景*/ }
.end{background:url(../images/goods_tag_status.png) 0 -177px;      /*定义已结束背景*/ }
.money{ font-size:18px; font-family:Arial;font-weight:bold; letter-spacing:-7px;
    text-shadow:1px 1px 0px #000; }
.now{ font-size:28px; font-family:Arial; font-weight:bold; text-shadow:1px 1px 0px #000;
    letter-spacing:-2px; }
.old{ text-decoration:line-through; margin-left:5px;}
```

整个页面中的难点部分已经介绍完，其他的部分很简单，在此不再赘述。你可以试着先不看源文件，对照着页面效果，自己写一遍试试看。

12.5 《道喜装饰有限公司》

当前互联网的飞速发展，公司制作一个网站已经和制作名片一样普遍。作为以装修、装饰设计为主要业务的公司，通过网站向客户展示公司强大的设计能力和多种多样的案例展示，能起到很好的宣传效果。

这类公司网站的功能不需要多么复杂，只要重点突出精美的设计案例，向客户展示公司强大的实力，以及通过文字和图片展示公司的经营范围。如图 12-132，是本例的最终效果。

本案例整体结构并不复杂，主要是练习 jQuery 特效的应用。中间的大广告通栏部分用了焦点图的效果，每隔几秒钟自动翻转。焦点图右下方有一个 tab 选项卡效果，我们可以在

图 12 - 132

很小的空间内,随意切换要看的栏目内容。左下方是一个滚动图片的效果,每隔一段时间自动向左滚动五张图片。同时两边还各有一个向左向右的按钮,用来左右翻转。

12.5.1 排版架构

图 12 - 133 列出了本案例的整体框架结构。首先进行整体布局,为了看起来方便,我们临时给每一个区块里写入了中文内容。整体 html 代码如下:

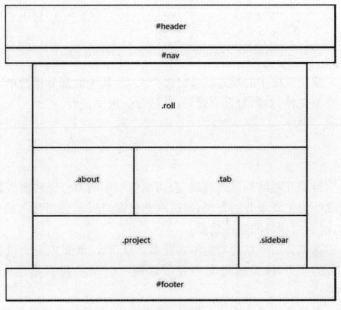

图 12 - 133

```
<div id="header">
    <h1>道喜装饰有限公司</h1>
</div>
<div id="nav">
导航
</div>
<div class="roll">
焦点图
</div>
<div class="main clearfix">
    <div class="about clearfix">
    关于道喜
    </div>
    <div class="tab">
    tab 选项卡
    </div>
</div>
<div class="main clearfix">
    <div class="project">
    工程案例
    </div>
    <div class="sidebar">
    侧栏
    </div>
</div>
<div id="footer">
底部版权
</div>
```

本案例中所用的知识点，都已经在之前的 jQuery 特效章节里讲解过。练习的重点是这些特效的综合应用能力。下面我们开始对整体结构进行布局。

12.5.2　全局样式及整体布局

首先对各个区块进行整体布局，为了直观起见，我们临时给每个区块都定义了高度。当我们往区块里填充了内容之后，一定要及时将高度删除。以下代码是对每一个区块设置了宽度高度以及边框浮动的定义：

```
*{ margin:0; padding:0;}
li{ list-style:none;}
a{ text-decoration:none;}
.clearfix:after{content:""; clear:both; display:block; }
.clearfix{ *zoom:1;}
#header{width:1000px;height:101px;margin:0 auto;border:#000 solid 1px;}
#nav{ height:35px; border:#000 solid 1px; }
.roll{width:1000px;height:120px;border:#000 solid 1px; margin:10px auto;}
.main{ width:1000px; margin:0 auto 10px;border:#000 solid 1px; }
```

```
.about{ width:380px;height:108px; border:#000 solid 1px;float:left; }
.tab{width:606px; border:#000 solid 1px;height:108px; float:right; }
.con{ padding:15px 20px;display:none; border:#CC9 solid 1px; }
.project{ width:770px; float:left;height:100px;position:relative; border:#000 solid 1px; }
.sidebar{ width:213px; height:100px; float:right;border:#000 solid 1px; }
#footer{ border:#000 solid 1px;padding:15px;}
```

这时,整体页面显示如下:

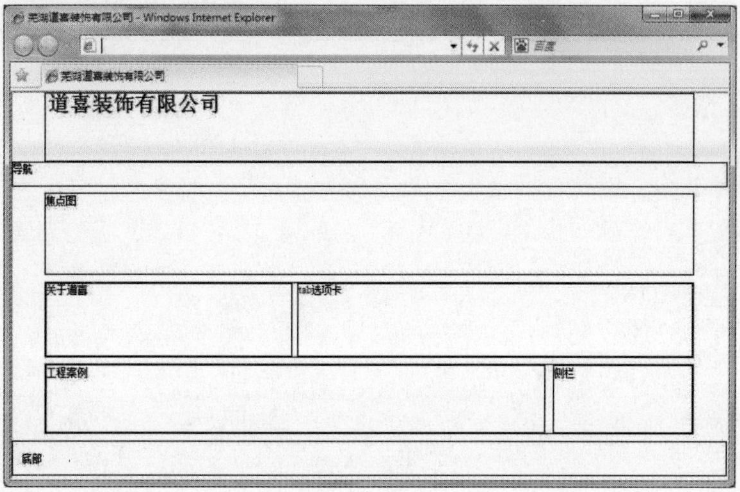

图 12 - 134

下面继续对每一个区块进行具体的样式定义。

12.5.3　搭建头部

头部部分完整 html 如下:

```
<div id="header">
    <h1>芜湖道喜装饰有限公司</h1>
        <ul>
            <li><i class="iconfont">&#xe602;</i> <a href="#">设为首页</a>|</li>
            <li><i class="iconfont">&#xe603;</i> <a href="#">收藏本站</a>|</li>
            <li><i class="iconfont">&#xe601;</i> <a href="#">联系我们</a></li>
        </ul>
</div>
```

头部区域里的"设为首页"等三个链接用到了图标字体,因此给每一个用到图标字体的地方都利用 i 标签将转义编码包裹起来,并给 i 标签起了类名 iconfont 用以定义图标字体的样式。目前头部区域显示如图 12 - 135。

虽然在结构中添加了相应的转义编码,但是在浏览器里预览还是看不到图标字体出现。这是因为我们还没有将图标字体导入。下面我们利用@font-face 导入字体文件,并定义 iconfont 的字体为 icomoom 字体,具体样式如下:

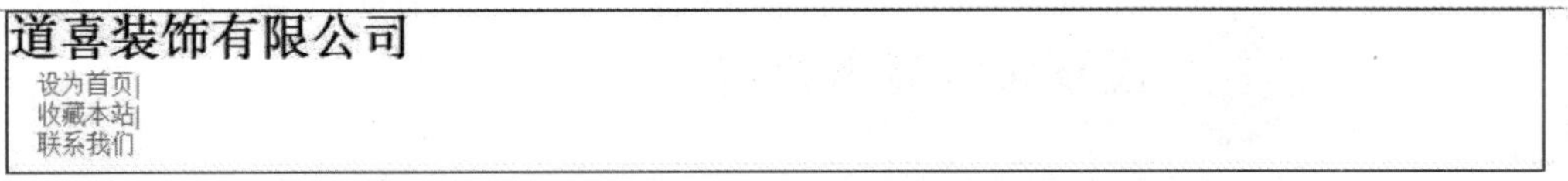

道喜装饰有限公司
设为首页|
收藏本站|
联系我们

图 12 - 135

```
@font-face {
    font-family: 'icomoon';
    src: url('../fonts/icomoon.eot');
    src: url('../fonts/icomoon.eot? #iefix') format('embedded-opentype'),
        url('../fonts/icomoon.ttf') format('truetype'),
        url('../fonts/icomoon.woff') format('woff'),
        url('../fonts/icomoon.svg#icomoon') format('svg');
    font-weight: normal;
    font-style: normal;
}
.iconfont{font family:"icomoon";font-size:16px;font-style:normal;}
```

这时我们在浏览器里预览效果如图 12 - 136：

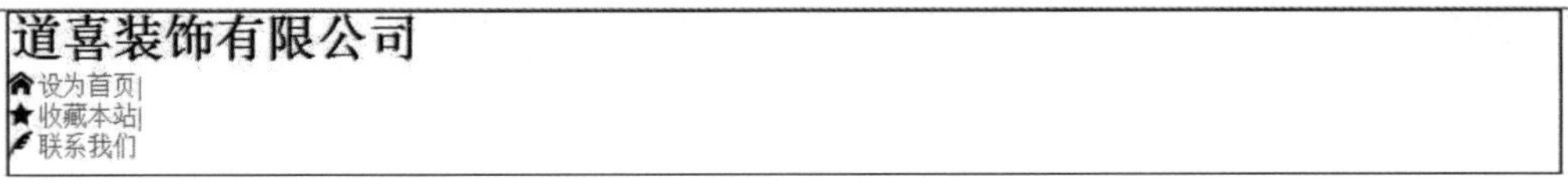

道喜装饰有限公司
设为首页|
收藏本站|
联系我们

图 12 - 136

可以看到，具体的图标字体已经能够显示出来了。

下面我们继续进行头部样式的编写，将边框删除并给其设置相对定位：

```
#header{
    width:1000px;
    height:101px;
    margin:0 auto;
    position:relative;        /*设置头部为相对定位,以便于其内部 ul 进行绝对定位*/
    }
```

然后让 h1 标题部分以背景的形式出现：

```
#header h1{
    width:421px;
    height:101px;
    background:url(../images/logo.gif) no-repeat;
    text-indent:-9999px;
    }
```

给 h1 定义宽度高度和背景，并利用 text-inent 属性文字部分移出画面。这时 h1 部分定义完成，如图 12 - 137：

图 12 - 137

接着定义头部区块 ul 部分的样式：

```
#header ul{
    position:absolute;        /*定义 ul 绝对定位*/
    top:0;                    /*距上部 0*/
    right:0;                  /*距右部 0*/
    }
#header ul li{ float:left; color:#999; line-height:25px;font-size:12px;margin:0 5px; }
#header ul li a{color:#999; line-height:25px; padding:0 5px; }
```

此时效果如图 12 - 138：

图 12 - 138

头部部分应该有一个通栏的背景图，和 logo 部分衔接起来。这部分背景图我们可以利用为 body 这层元素定义背景图来实现：

```
body{background:url(../images/header_bg.gif) repeat-x; }
```

给 body 设置背景图并横向平铺，便实现了背景通栏显示的效果，如图 12 - 139。

图 12 - 139

这时，我们可以看到整个头部部分的通栏灰色渐变背景。

在头部里面还有一个元素就是客服电话部分，这部分元素我们可以利用 header 这层区块给其定义背景，继续给头部区域添加样式：

```
#header{
    width:1000px;
    height:101px;
    margin:0 auto;
    position:relative;
    background:url(../images/phone.gif) no-repeat right 40px;
    /*设置电话背景为不平铺靠右并向下移 40*/
    }
```

头部部分设置完成,如图 12-140。

图 12-140

12.5.4　搭建导航部分

导航部分结构很简单,其 html 代码如下:

```
〈div id="nav"〉
    〈ul〉
        〈li class="active"〉〈a href="#"〉首 页〈/a〉〈/li〉
        〈li〉〈a href="#"〉公司新闻〈/a〉〈/li〉
        〈li〉〈a href="#"〉项目展示〈/a〉〈/li〉
        〈li〉〈a href="#"〉工程案例〈/a〉〈/li〉
        〈li〉〈a href="#"〉关于我们〈/a〉〈/li〉
        〈li〉〈a href="#"〉人才招聘〈/a〉〈/li〉
        〈li〉〈a href="#"〉联系我们〈/a〉〈/li〉
    〈/ul〉
〈/div〉
```

在导航部分的 html 代码中,我们给第一条 li 设置了一个类 active,以便于对它进行单独设置。

在此我们不再详细讲解全过程,具体 css 样式如下:

```
#nav{ height:35px; background:url(../images/navbg.gif) repeat-x; }
#nav ul{ width:1000px; margin:0 auto; height:35px; }
#nav ul li{float:left; background:url(../images/navline.gif) no-repeat right; }
#nav ul li a{ color:#FFF; font-size:16px; font-weight:bold; padding:0 40px; line-height:35px;
display:block;font-family:"微软雅黑"; font-weight:normal; }
#nav ul li a:hover{ background:url(../images/navhover.gif) repeat-x center; text-decoration:
none; }
#nav .active{background:url(../images/navhover.gif) repeat-x center;}
```

设置完成后效果如图 12-141 所示。

首页　　公司新闻　　项目展示　　工程案例　　关于我们　　人才招聘　　联系我们

图 12-141

12.5.5　定义焦点图部分

关于焦点图部分,在此我们不再细讲,只要将之前做过的样式 html 文件及样式文件 js 文件引入即可实现。

```
<link rel="stylesheet" type="text/css" href="css/jdt.css" media="all" />
<script type="text/javascript" src="js/jquery-1.7.2.js"></script>
<script type="text/javascript" src="js/jdt.js"></script>
```

引入之后,我们只需对 jdt.css 文件中的区域与图片尺寸进行修改即可。

12.5.6 搭建"关于我们"

下面到了"关于我们"部分的定义,其 html 代码如下:

```
<div class="about clearfix">
    <h2><i class="iconfont">&#xe605;</i> 关于我们</h2>
    <img src="images/about.jpg" />
    <h3>道喜装饰有限公司简介</h3>
    <p>道喜装饰有限公司致力于办公、酒店、商业、会所、餐饮娱乐、茶楼、厂房办公空间的设计与
施工为一体的装饰企业。公司以国际时尚前沿设计理念为优势,以精品环保施工为标准,为公司、企业
等... <a href="#">[详细]</a></p>
</div>
```

我们给"关于我们"部分也设置了 clearfix 类是因为内部图片元素会浮动。

这部分的效果也很简单,具体 css 样式如下:

```
.about{
    width:380px;
    height:108px;
    border:#ccc solid 1px;
    float:left;
    }
.about h2{
    height:29px;
    background:url(../images/h2bg.jpg);
    font-size:16px;
    padding-left:10px;
    line-height:29px;
    border-bottom:#999 solid 2px;
    font-weight:normal;
    font-family:微软雅黑;
    }
.about img{
    float:left;
    margin:15px;
    padding:3px;
    border:#e1e1e1 solid 1px;
    width:126px;
```

```
        height：140px；
        }
.about h3{
        font-size：12px；
        line-height：30px；
        margin-top：10px；
        }
.about p{
        font-size：12px；
        line-height：22px；
        text-indent：2em；
        color：#666；
        margin-right：12px；
        }
```

同样，我们在里面填充了内容之后就要及时将高度删除。

"关于我们"部分设置完成，如图 12－142：

图 12－142

12.5.7　搭建 tab 标签

Tab 标签部分我们在第 11 章已经讲解过，这里只是为了练习具体项目中的综合应用能力。具体制作过程在此不再赘述。html 代码如下：

```
<div class="tab">
    <ul class="tabMenu">
    <li class="current"><a href="#">企业新闻</a></li>
    <li><a href="#">网站公告</a></li>
    <li><a href="#">行业信息</a></li>
</ul>
<div class="con clearfix" style="display：block；">
    <img src="images/tabimg1.jpg" alt="" />
```

```
        <ul>
            <li><span>[2013-09-10]</span><a href="#">装饰公司带你走出装修三大误区</a></li>
            <li><span>[2013-09-11]</span><a href="#">卧室隔断在选购和搭配上有何注</a></li>
            <li><span>[2013-09-20]</span><a href="#">首触装修遇难题,装修公司为你</a></li>
            <li><span>[2013-09-22]</span><a href="#">双色搭配,让家居有相映成趣之美</a></li>
            <li><span>[2013-09-27]</span><a href="#">装修公司分享鞋柜的清洁保养有</a></li>
        </ul>
    </div>
    <div class="con clearfix">
        <img src="images/tabimg2.jpg" alt="" />
        <ul>
            <li><span>[2013-10-10]</span><a href="#">装修公司分享家居灯饰选购注意</a></li>
            <li><span>[2013-11-12]</span><a href="#">装修公司揭秘导致涂装产生缺陷的</a></li>
            <li><span>[2013-10-17]</span><a href="#">装环保步步为营,室内装修绿色有理</a></li>
            <li><span>[2013-10-12]</span><a href="#">装修公司提醒别墅空间体型需与环</a></li>
            <li><span>[2013-10-15]</span><a href="#">装饰公司分享厨房装修"五不要"</a></li>
        </ul>
    </div>
    <div class="con clearfix">
        <img src="images/tabimg3.jpg" alt="" />
        <ul>
            <li><span>[2013-09-10]</span><a href="#">"中国"以房养老"开展甚难</a></li>
            <li><span>[2013-09-11]</span><a href="#">减少损失源头,遏止偷工减料</a></li>
            <li><span>[2013-09-12]</span><a href="#">装饰公司支招,入木三分探红</a></li>
            <li><span>[2013-09-15]</span><a href="#">地板企业内容营销需以创意为基准</a></li>
            <li><span>[2013-10-19]</span><a href="#">精装简修,不如先考虑怎么改造飘窗</a></li>
        </ul>
    </div>
</div>
```

【代码解析】 每一个 ul 选项卡对应着一个 con 区块。在每一个内容 con 区块里面还有一个图片作为视觉辅助。

下面开始对 tab 选项卡部分进行 css 样式的编写:

```
.tab{width:606px; border:#ccc solid 1px;border-top:0; float:right; }
.tabMenu{ height:29px; border-bottom:#b90000 solid 2px;background:url(../images/con_bg3.gif) repeat-x; }
.tabMenu li{ width:124px;height:29px; float:left; text-align:center;background:url(../images/tabbg.gif) no-repeat;margin-right:8px; }
.tabMenu .current{ background:url(../images/tabCur.gif) no-repeat; }
.tabMenu li a{ font-size:14px; line-height:29px;color:#c00; }
```

```
    . tabMenu . current a{color:#FFF; font-weight:bold; }
    . con{ padding:15px 20px;display:none; /* border:#CC9 solid 1px; */ }
    . con img{padding:3px; border:#CCC solid 1px; float:left;width:200px; height:140px; }
    . con ul{ float:right; width:340px; /* border:#C3C solid 1px; */ float:right; }
    . con ul li{border-bottom:#ccc dashed 1px; line-height:27px; padding-left:10px;background:
url(../images/dot.gif) no-repeat left;}
    . con ul li a{ font-size:12px;}
    . con ul li a:hover{ color:#C00; text-decoration:underline;}
    . con ul li span{color:#999; font-size:12px; float:right;}
```

样式编写完成之后,同样在头部引入 jQuery 文件并在头部编写 js 代码:

```
<script type="text/javascript" src="js/jquery-1.7.2.js"></script>
<script type="text/javascript">
$(function(){
    $('.tabMenu li').mousemove(function(){
        $('.tabMenu li').attr('class','');
        $('.con').css('display','none');
        $(this).attr('class','current');
        $('.con').eq($(this).index()).css("display","block");
    });
});
</script>
```

效果如图 12-143。

图 12-143

12.5.8　搭建工程案例部分

此部分重点练习图片的滚动效果。在第 11 章我们已经详细讲解过图片滚动,这里也是作为综合应用能力的练习。具体制作方法在此不再赘述。工程案例部分具体 html 代码如下:

```
<div class="project">
    <div class="hd"><a href="#">>>>更多</a><h2><i class="iconfont">&#xe604;</i>工程案例
</h2></div>
    <a class="prev" href="javascript:void(0);">◀</a>
    <a class="next" href="javascript:void(0);">▶</a>
    <div id="proList">
        <ul>
            <li><a href="#"><img src="images/gc1.jpg" /></a></li>
            <li><a href="#"><img src="images/gc2.jpg" /></a></li>
            <li><a href="#"><img src="images/gc3.jpg" /></a></li>
            <li><a href="#"><img src="images/gc4.jpg" /></a></li>
            <li><a href="#"><img src="images/gc5.jpg" /></a></li>
            <li><a href="#"><img src="images/gc6.jpg" /></a></li>
            <li><a href="#"><img src="images/gc7.jpg" /></a></li>
            <li><a href="#"><img src="images/gc8.jpg" /></a></li>
            <li><a href="#"><img src="images/gc9.jpg" /></a></li>
            <li><a href="#"><img src="images/gc10.jpg" /></a></li>
        </ul>
    </div>
</div>
```

【代码解析】 project 是最外层的父容器，里面有一个标题区块，下面就是两个控制左右的按钮部分。

```
<a class="prev" href="javascript:void(0);">◀</a>
<a class="next" href="javascript:void(0);">◀</a>
```

这两个部分我们要利用绝对定位对其进行控制，使其左右分布。

再往下就是工程列表部分 proList。

此部分的 css 样式如下：

```
.project{ width:770px; float:left;height:200px; position:relative; }
.project .hd{ border-bottom:#CCC solid 2px; line-height:20px; padding-bottom:3px; }
.project .hd a{ float:right; font-size:12px; }
.project h2{ font-size:16px; font-family:微软雅黑; font-weight:normal;}
.prev,.next{color:#CCC;width:16px;background:#eee;height:100px;line-height:100px;display:block;border:#ccc solid 1px;font-size:18px;position:absolute;
text-align:center;top:60px;}
.prev:hover,.next:hover{ background:#C00; color:#FFF; border:#900 solid 1px;}
.prev{left:0px;}
.next{right:0px;}

#proList{ width:710px; height:140px;margin:15px auto; overflow:hidden; }
#proList ul li { float:left; width:130px;margin:6px; display:inline; }
#proList ul li img { padding:3px;border:#CCC solid 1px; width:122px; height:120px; }
```

此部分主要的难点就在于滚动图片部分的布局。我们给父容器 project 设置了相对定位,给两个左右按钮设置了绝对定位。设置完成后效果如图 12－144 所示。

图 12－144

设置完毕之后引入相应的文件即可。

12.5.9　搭建侧栏区块

侧栏区块内容非常少,css 样式更是非常简单,html 代码部分如下:

```
<div class="sidebar">
    <a href="#"><img src="images/sid1.jpg" /></a>
    <a href="#"><img src="images/sid2.jpg" /></a>
    <a href="#"><img src="images/sid3.jpg" /></a>
</div>
```

CSS 样式部分如下:

```
.sidebar{width:213px; float:right; }
.sidebar img{ padding:3px; border:#CCC solid 1px;margin-bottom:8px; }
```

图 12－145

12.5.10　定义底部版权

底部版权 html 如下:

```
〈div id="footer"〉
    〈p〉CopyRight &copy; 2013 DAOXI. All Rights Reserved. 版权所有:芜湖道喜装饰有限公司〈/p〉
    〈p〉〈a href="#"〉网站首页〈/a〉 | 〈a href="#"〉关于我们〈/a〉 | 〈a href="#"〉工程案例〈/a〉
| 〈a href="#"〉人才招聘〈/a〉〈/p〉
〈/div〉
```

css 样式如下:

```
#footer{
    background: #e1e1e1;
    border—top: #CCC solid 2px;
    text—align: center;
    font—size: 12px;
    color: #666;
    line—height: 30px;
    padding: 15px;
    }
#footer a{color: #666; }
```

设置完成后效果如图 12 - 146:

CopyRight © 2014 DAOXI All Rights Reserved 道喜装饰有限公司 版权所有
网站首页 | 关于我们 | 工程案例 | 人才招聘

图 12 - 146

12.6 门户网站《百智时尚》

门户网站是指提供某类综合性互联网信息资源的网站。由于市场竞争日益激烈,门户网站不得不快速地拓展各种新的业务类型,以至于目前门户网站的业务包罗万象,成为网络世界的"百货商场"或"网络超市"。

本案例我们带大家制作一个娱乐类型的门户网站,如图 12 - 147 是最终效果。

只要掌握了正确的布局方法与制作思路,再复杂的网站都能逐步写出来。这是个典型的门户类网站,内容虽然很多,但是如果你单独看每一个区块,其实都并不是很复杂,几乎每一个区块都是我们之前练习过的内容。像这类门户类网站,重点在于全局的把握能力。布局是整个页面的重点。

12.6.1 结构分析

在开始制作之前,最好先在草稿纸上画一画,考虑下整体的布局划分。布局要合理,结构要清晰。从整体把握,同类型的模块尽量样式复用,同时还要保证不同模块之间不冲突。

再看一下哪些地方可以复用。布局分析如图 12 - 148。

本例由于结构比较复杂,图中存在着区块嵌套以及类名的组合,我们无法在区块之上准确标出的类名以箭头的形式标注了出来。同时,类名的组合复用,我们采用了例如

图 12－147

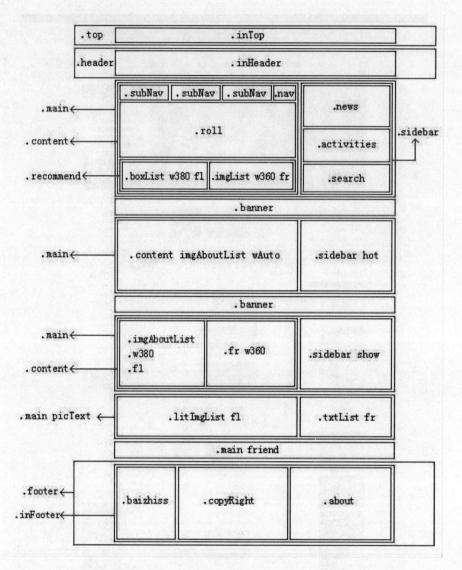

图 12 - 148

". boxListw380 fl"的方式,在实际的 HTML 中代表此区块同时给了三个类名<div class=
"boxList w380 fl"></div>。

上图基本画出了大部分区块的命名。从图中就已经反映出来一些区块的公用类名。

例如第二个主体栏里有一个 imgAboutList,第三个主体栏左侧也有一个 imgAbout-
List,为了两个区块样式共用,我们给他们起了相同的类名。而第三个主体栏里的 img-
AboutList,我们又给其定义了一个 w380 的类名,用类名的组合为元素分配不同的宽度,这
样就有效地避免了冲突。

结构里的两处 boxList 和三处 imgList 都是同样的道理。

12.6.2　整体结构

像这类大型的门户网站,我们在写结构时,最好在相应的区块开始与结束的地方添加注

释,本案例整体架构部分 HTML 如下:

```
〈div class="top"〉
    〈div class="inTop"〉顶部〈/div〉
〈/div〉
〈div class="header"〉
    〈div class="inHeader"〉头部〈/div〉
〈/div〉
〈hr /〉
〈div class="main clearfix"〉
    〈div class="content none"〉内容栏〈/div〉
    〈div class="sidebar"〉侧栏〈/div〉
〈/div〉
〈div class="banner"〉通栏广告〈/div〉
〈div class="main clearfix"〉
    〈div class="content"〉内容栏〈/div〉
    〈div class="sidebar"〉侧栏〈/div〉
〈/div〉
〈div class="banner"〉通栏广告〈/div〉
〈div class="main clearfix"〉
    〈div class="content"〉内容栏〈/div〉
    〈div class="sidebar"〉侧栏〈/div〉
〈/div〉
〈div class="main picText"〉图文特荐〈/div〉
〈div class="main friend"〉友情链接〈/div〉
〈div class="footer"〉
    〈div class="inFooter"〉底部版权〈/div〉
〈/div〉
```

【代码分析】　以上代码只列出了整体的骨架部分,布局好这部分代码是至关重要的。这是支撑起整个页面的基础。

顶部(top)区块和头部(header)区块里面分别嵌套了子容器 inTop 和 inHeader 区块。父容器的作用是定义通栏背景色。内容放在子容器里,并设置居中。紧接着一个分隔符 hr 是用来定义那条浮雕感的分割线的。

下面几个主体栏 main 以及里面的内容 content 和侧栏 sidebar 都起到了整体居中并左右布局的作用。

12.6.3　整体布局

下面,我们开始对整个页面进行整体的布局。首先,为了避免重复开发,要对全局进行一个整体的定义:

```
/*整体样式*/
*{ margin:0; padding:0;}
body{ background:#e3e3e3; font-family:Arial; font-size:12px;}
li{ list-style:none;}
a{ font-size:12px; text-decoration:none; color:#333; }
a:hover{ color:#09F;text-decoration:underline;}
.clearfix:after{ content:""; clear:both;display:block; }
.clearfix{ zoom:1;}
h1,h2,h3{ font-weight:normal;}
img{ border:0; display:block;}
.fl{ float:left;}
.fr{ float:right;}
/*整体样式结束*/
```

【代码解析】 从全局考虑,我们清除了所有 li 的默认圆点;设置所有 a 链接的统一样式以及悬停样式;页面中的 h1、h2、h3 标题清除文字加粗属性;所有的图片清除边框,同时为了浏览器之间的兼容性还为图片设置了 display:block;。

页面中有大量的地方会用到左浮动和右浮动,在这里我们也将它们单独分离出来两个类. fl 和. fr,分别对它们进行左右浮动设置。这样我们在页面需要浮动的地方直接给元素定义相应的类即可。

接下来,进行整体的框架布局。首先要做的是对整体的大的区块进行布局。样式如下:

```
/*顶部样式开始*/
.top{border:#000 solid 1px; }
.inTop{ width:1000px; margin:0 auto;border:#000 solid 1px; }
/*顶部样式结束*/
/*头部样式开始*/
.header{ border:#000 solid 1px; }
.inHeader{ width:1000px;margin:0 auto;border:#000 solid 1px; }
/*头部样式结束*/
/*主体样式开始*/
.main{ width:1000px; margin:0 auto 10px;border:#000 solid 1px; }
.content{ width:755px; float:left; background:#f1f1f1;border:#999 solid 1px; }
.sidebar{ width:235px; background:#f1f1f1; float:right; border:#999 solid 1px; }
/*主体样式结束*/
.banner{ width:1000px; border:#000 solid 1px; clear:both; margin:0 auto 10px; }
/*图文特荐样式开始*/
.picText{ background:#f1f1f1; border:#999 solid 1px;}
/*图文特荐样式结束*/
/*友情链接*/
.friend{ background:#f1f1f1; border:#999 solid 1px; clear:both; }
/*友情链接结束*/
```

```
/ * 底部样式 * /
.footer{ border:#000 solid 1px; }
.inFooter{width:1000px;margin:0 auto;border:#000 solid 1px; }
/ * 底部样式 * /
```

以上 css 样式是对整体的区块进行统一全局性的搭建。目前效果如图 12-149：

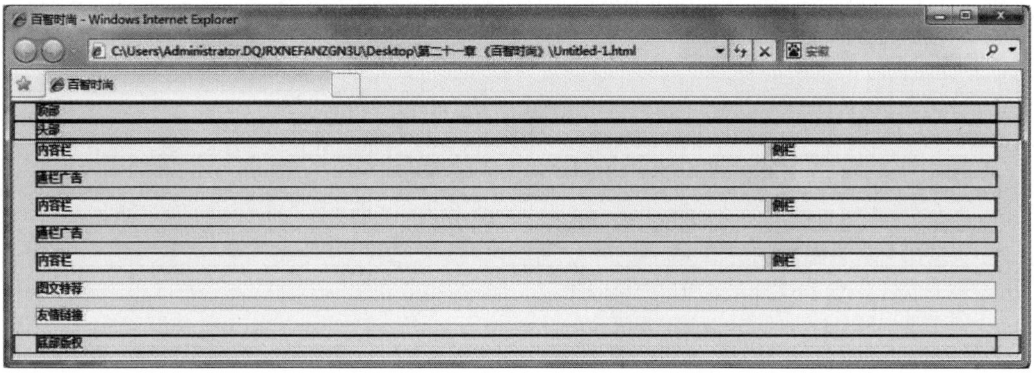

图 12 - 149

至此,整体框架已经搭建起来,剩下的任务就是逐步去填充每一个区块的内容以及子区块。下面我们从上到下逐一部署。

12.6.4　搭建顶部

我们从顶部开始部署,首先对父容器 top 以及子容器 inTop 进行设置：

```
.top{
    background:#000;
    }
.inTop{
    width:1000px;
    height:30px;
    margin:0 auto;
    border:#FFF solid 1px;
    }
```

【代码解析】　将黑色背景定义给父容器 top,因为它是通栏显示。为了看得清楚,我们给里面的 inTop 区块设置了白色边框,并设置高度及居中。这里我们只要为 inTop 设置了高度,父容器 top 自然会被撑开,因此不需要为父容器 top 设置高度。目前效果如图 12-150。

下面我们继续往 inTop 里填充内容：

图 12－150

```
<div class="inTop">
    <form>
        <label>用户名：<input type="text" class="text" /></label>
        <label>密码：<input type="password" class="password" /></label>
        <label>验证码：<input type="text" class="yzm" /></label>
        <img src="images/yzm.gif" />
        <input type="button" class="dlBtn" />
        <a href="#">用户注册</a>
        <a href="#">忘记密码</a>
    </form>
    <ul>
        <li><a href="#">网站地图</a>|</li>
        <li><a href="#">RSS 订阅</a>|</li>
        <li><a href="#">设为首页</a>|</li>
        <li><a href="#">加入收藏</a></li>
    </ul>
</div>
```

【代码解析】 inTop 顶部区块里主要由两部分组成：form 登录区域和 ul 列表区域。需要对这两个区块进行整体左右布局，同时还需要对 form 以及 ul 等内容进行一系列设置。具体样式如下：

```
.inTop{
    width:970px;/ * 由于下面设置了 padding—left:30px,因此为了保证宽度不变,在原基础上减 30 * /
    height:30px; margin:0 auto; border:#FFF solid 1px;
    background:url(../images/index.png) no—repeat;          / * 定义用户名前面的背景 * /
    padding—left:30px;                                       / * 空出背景的位置 * /
    font—size:12px;color:#999; }
.inTop form{ width:680px;float:left; padding—top:7px; }
.inTop ul{float:right; padding—top:7px; width:270px;}
.inTop ul li{ float:left;padding:0 5px;}
.inTop ul li a{ margin—right:5px;}
.inTop label{ float:left; margin—right:7px;          / * 空出每组 label 之间的间距 * / }
.inTop img{ float:left;height:16px; cursor:pointer; vertical—align:middle; }
.text,.password,.yzm{      / * 由于此三个区域基本相同,因袭对他们相同的部分群组定义 * /
    width:90px; height:16px; background:#666; border:0; }
.password{ width:75px;
```

```
    background:url(../images/mainBg.png) no-repeat 0 -104px;padding-left:15px;}
.dlBtn{ width:50px; height:20px;
    background:url(../images/mainBg.png) no-repeat 0 -30px;padding-left:15px;
    border:0;cursor:pointer;margin:-2px 25px 0 5px;float:left; }
.inTop a{font-size:12px;color:#999; }
```

经过以上一系列设置,顶部效果即可完成,如图 12-151:

图 12-151

样式设置完毕,经过测试没有问题时,便可以将一开始定义的用于视觉范围的边框注释。

12.6.5 搭建头部 header 区域

头部区域的内容比较少,HTML 以及 CSS 代码如下:

```
<div class="inHeader">
    <h1>百智时尚,芜湖市唯一时尚网站</h1>
    <div class="topBan">
        <img src="images/1.jpg" />
    </div>
</div>
.inHeader{
    height:95px;
    width:1000px;
    margin:0 auto;
    }
.inHeader h1{
    background:url(../images/logo.gif) no-repeat;        /*为 h1 设置背景 logo*/
    width:304px;
    height:95px;
    text-indent:-9999px;                                 /*将文字移出画面*/
    float:left;
    }
.topBan{
    width:687px;
    height:75px;
    overflow:hidden;              /*这里由于 topBan 里的图片较长,因此设置超出范围隐藏*/
    float:right;
    margin-top:10px;
    }
```

经过以上设置,头部 header 区域效果如图 12-152:

图 12 - 152

12.6.6 搭建导航区域

导航区域在此页面的第一个内容栏里的第一个子栏目中。

第一个内容栏里又分成三栏，分别是导航区域、焦点图和特别推荐。

```
<div class="content none">
    导航
    焦点图
    特别推荐
</div>
```

这里要注意的是，首个内容栏是不需要背景和边框的。由于我们给所有的内容栏设置了相同的背景以及边框，因此我们在第一个内容栏后面又添加了另外一个类 none 用来去除背景和边框。

```
.none{ background:none; border:none;}
```

这句样式要添加在.content{...}之后，用来将之前的冲突掉。

我们先将导航区域的代码部署进来：

```
<!--导航部分开始-->
    <div class="subNav firstNav">
        <h2>时尚<span>FASHION</span></h2>
        <ul>
            <li class="active"><a href="#">时装</a></li>
            <li><a href="#">流行</a></li>
            <li><a href="#">潮人</a></li>
            <li><a href="#">星秀</a></li>
            <li><a href="#">搭配</a></li>
            <li><a href="#">内衣</a></li>
            <li class="active"><a href="#">妆容</a></li>
            <li><a href="#">香氛</a></li>
            <li><a href="#">肌肤</a></li>
            <li><a href="#">男士</a></li>
            <li><a href="#">美体</a></li>
            <li><a href="#">彩妆</a></li>
        </ul>
    </div>
    <div class="subNav">
        ……
    </div>
```

```
<div class="subNav">
    ……
</div>
<div class="nav">
    <ul>
        <li style="background:#36a200;"><a href="#">公益</a></li>
        <li style="background:#c70000;"><a href="#">论坛</a></li>
        <li style="background:#333;"><a href="#">微博</a></li>
    </ul>
</div>
<!--导航部分结束-->
```

【代码解析】　整个导航区的前三个区块都是 subNav 结构,我们省略了部分代码。为了样式的设置,我们给第一个 subNav 起了另外一个类名 firstNav。最后一个区块里的三个 li 的背景色不同,这里我们用内联样式直接定义。当然也可以分配类名,然后定义到样式中。

下面为导航部分编写样式代码:

```
/*导航部分样式*/
.subNav{
    width:225px;
    height:82px;
    border-left:#bebebe solid 1px;        /*为所有的 subNav 区块定义左边框*/
    border-right:#f5f5f5 solid 1px;       /*为所有的 subNav 区块定义右边框*/
    float:left;
    padding-left:7px;
    }
.subNav h2{
    font-size:14px;
    margin-bottom:7px;
    }
.subNav h2 span{
    color:#666;
    margin-left:10px;
    }
.subNav ul li{
    float:left;
    width:30px;
    height:20px;
    text-align:center;
    margin:2px 6px 7px 0;
    }
.subNav ul li a{line-height:20px; display:block;}
.subNav ul li a:hover{ background:#000; color:#FFF;}

.subNav .active{background:#000;}
.subNav .active a{ color:#FFF;}
```

```
.firstNav{ border—left:0; padding—left:0;    /*清除首个导航区块的左边框以及左间距*/}
.nav{ float:left; border—left:#bebebe solid 1px; width:60px; height:82px;}
.nav li{
    width:50px;
    height:25px;
    background:#000;
    margin—bottom:2px;
    text—align:center;
    float:right;
    }
.nav li a{ line—height:27px; color:#FFF; display:block;}
.nav li a:hover{ background:#000;}
/*导航部分样式结束*/
```

【代码解析】 在样式中,我们先无视第一个 firstNav 的存在,首先利用 subNav 这个类将全部的三个版块设置成一模一样,再将左右边框设置成一深一浅,便实现了他们相邻两个区块的具有浮雕感觉的分割线效果。最后再利用 firstNav 类将首个导航区块的左边框以及左间距清除。

我们分别给导航链接中的第一个和第七个设置一个当前 active 类,用来定义默认为黑底白字的样式。如图 12-153:

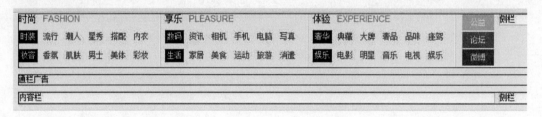

图 12-153

接着就到焦点图部分的部署,此部分我们不再讲解,只要将之前做的焦点图的结构、样式以及 js 文件引入,然后对样式稍作修改即可。

12.6.7 搭建特别推荐部分

recommend 区块主要分三块内容:头部 hd、新闻列表 boxList 以及图片列表 imgList。具体 HTML 代码如下:

```
<!--特别推荐部分开始-->
<div class="recommend clearfix">
    <div class="hd"><a href="#">>>更多</a><h2>特别推荐</h2></div>
    <ul class="boxList w380 fl">
        <li><span><a href="#">性感内衣</a></span><p><a href="#">测试你的文胸"过期"了吗</a></p></li>
        <li><span><a href="#">流行服饰</a></span><p><a href="#">揭秘用纯牛肉做的 lady Gaga"烤肉裙"</a></p></li>
```

```
            <li><span><a href="#">潮男潮女</a></span><p><a href="#">春夏服装面面观</a></
p></li>
            <li class="recLast"><a href="#">潮流搭配</a>：<a href="#">韩国风可爱帅气型男造型
正泰时尚搭配法</a></li>
        </ul>
        <ul class="imgList w360 fr">
            <li><a href="#"><img src="images/ty.jpg" />我可以引领趋势 </a></li>
            <li><a href="#"><img src="images/fbb.jpg" />范冰冰百变发型</a></li>
        </ul>
    </div>
    <!--特别推荐部分结束-->
```

【代码解析】　考虑到后面还有其他版块内容与此版块的 boxList 以及 imgList 共用类名，我们将它们不同的部分分离出来，给其添加另外的类 w380 和 w360。它们的左浮动以及右浮动也用两个类 fl 和 fr 来定义。列表中用 span 将需要显示出边框效果的分类链接包裹起来，以便于设置样式。

特别推荐 hd 样式和下面的几个 hd 部分共用；boxList 和第三主体栏里的 boxList 共用；imgList 和第三主体兰里的两个 imgList 共用。具体如下：

```
.recommend{ background:#f1f1f1; border:#CCC solid 1px; margin-top:7px;}
.hd{border-bottom:#CCC solid 1px;line-height:25px; padding-left:10px; }
.hd a{ float:right; margin-right:10px;}
.hdB{background:url(../images/mainBg.png) no-repeat 0px -152px;}
.hdB h2{ color:#FFF; }
.w380{ width:380px; }
.boxList span{ width:56px; height:19px; display:block; border:#CCC solid 1px; text-align:
center;
float:left; margin:5px; }
.boxList span a{ line-height:19px; }
.boxList li{ border-bottom:#CCC solid 1px; display:inline-block; width:100%; }
.boxList li p{ line-height:32px; }
.boxList .recLast{ padding-left:10px; border-bottom:0; }
.recLast a{ color:#ff0099; line-height:30px; }
.w360{ width:360px; }
.imgList li{width:160px; margin:8px 8px 0 8px;text-align:center; float:left; _display:inline;}
.imgList img{ width:160px; height:100px; }
.imgList li a{ line-height:25px; display:block;}
.imgList p{ color:#999; text-align:left; margin-top:7px;}
/*特别推荐样式结束*/
```

此部分设置完成，效果如图 12-154。

第一个内容栏里的三个版块全部设置完成，下面就到了第一个侧栏区域里的内容。在

图 12 - 154

第一个侧栏区域包含了三个区块,新闻、最新活动以及时尚搜索,我们逐一部署。

12.6.8 搭建侧栏新闻区块

此部分的新闻区块是我们常见的一种类型,由大标题、简介以及新闻列表组成。这里,我们只将结构与样式列出,html 如下:

```
<!--侧栏新闻开始-->
<div class="news">
        <h2><a href="#">韩国风可爱帅气型男造型</a></h2>
        <p>掌握穿衣搭配的要点,是时下男生最热门的话题,今天,就由韩国型男为我们展示一下帅气可爱…<a href="#">[详细]</a></p>
        <img src="images/fgjl.jpg" />
        <ul>
        <li><a href="#">测试你的文胸"过期"了吗 </a></li>
        <li><a href="#">携手 Joyrich 发表 2011 春夏包款 </a></li>
        <li><a href="#">情人节礼服之战衣选择 </a></li>
        <li><a href="#">Chloé 新款鞋品塑造春日轻盈形 </a></li>
        <li><a href="#">情人节连衣裙特辑 教你精明选 </a></li>
        <li><a href="#">VA 博物馆珍贵藏品亮相世博 </a></li>
        </ul>
</div>
<!--侧栏新闻结束-->
```

此部分的样式设置也比较简单,无非就是我们非常熟悉的标题、段落和新闻列表,具体如下:

```
/*侧栏新闻样式*/
.news h2 a{ font-size:16px; font-family:微软雅黑; font-weight:normal; color:#e50278;line-height:35px; text-align:center; display:block; }
.news h2 a:hover{ color:#0066FF;}
.news p{ line-height:20px;text-indent:2em; color:#666666; margin-bottom:5px;font-size:12px;padding:0 10px; }
.news p a{ font-size:12px;}
.news ul{ padding:10px 10px 0 10px;}
.news ul li{background:url(../images/mainBg.png) no-repeat -216px -128px; padding-left:7px;}
.news ul li a{ font-size:14px; line-height:27px; color:#333333; }
/*侧栏新闻样式结束*/
```

设置完成,便实现如图 12-155 所示效果:

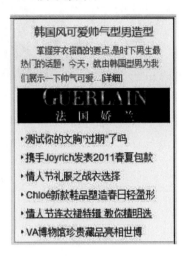

图 12-155

12.6.9　搭建最新活动区块

最新活动部分内容比较少,具体 HTML 代码如下:

```
<!--最新活动开始-->
<div class="activity">
    <h2>最新活动<span>March 12,2013</span></h2>
    <a href="#"><img src="images/zm2010.jpg" /></a>
</div>
<!--最新活动结束-->
```

具体样式如下:

```
/* 最新活动样式 */
.activity{ background-color:#f4f4f4; border-top:#333 solid 4px; margin-top:5px;
    padding-bottom:7px; * padding-bottom:5px; }
.activity h2{ font-size:13px; font-weight:normal;line-height:22px;padding-left:10px;
        background:url(../images/mainBg.png) no-repeat 205px -126px;}
.activity h2 span{ font-family:Verdana; color:#666666; margin-left:7px; }
.activity span{ font-size:12px; text-align:center; line-height:25px;}
.actBanner{ text-align:center;}
.actBanner span{ display:block; background-color:#CCCCCC;line-height:18px;width:215px;
    margin:0 auto;}
/* 最新活动样式结束 */
```

设置完成,便会实现如图 12-156 所示效果。

12.6.10　搭建时尚搜索区域

时尚搜索里面主要包含以下几个部分:标题、搜索区域、热门标签以及新闻列表。具体
html 代码如下:

图 12 - 156

```
<!--时尚搜索开始-->
<div class="search">
    <h2>时尚搜索</h2>
    <!--搜索框-->
    <div class="searchBox clearfix">
        <input type="text" class="txtArea" size="" onblur="if(this. value=='') {this. value=
'请输入关键词';}" onfocus="this. value='';" value="请输入关键词" name="q">
        <input type="button" value="搜索" class="seaBtn" />
    </div>
    <!--搜索框结束-->
    <div class="hotSearch">
        <a href="">性感</a><a href="">美女</a><a href="">童瑶</a><a href="">葛二蛋</a><a
href="">性感</a>
    </div>
    <ul>
        <li><a href="#" target="_blank" title="韩国风可爱帅气">韩国风可爱帅气</a></li>
        <li><a href="#" target="_blank" title="携手 Joyrich 发表">携手 Joy 发表</a></li>
        <li><a href="#" target="_blank" title="Chloé 新款鞋品塑">Chloé 新款鞋品</a></li>
        <li><a href="#" target="_blank" title="情人节连衣裙特 ">情人节连衣裙特 </a></li>
        <li><a href="#" target="_blank" title="中国模特声名渐">中国模特声名渐</a></li>
        <li><a href="#" target="_blank" title="亚洲电影节变爱">亚洲电影节变爱</a></li>
        <li><a href="#" target="_blank" title="Chloé 新款鞋品塑">Chloé 新款鞋品</a></li>
        <li><a href="#" target="_blank" title="情人节连衣裙特 ">情人节连衣裙特 </a></li>
    </ul>
</div>
```

【代码解析】 以上代码中的搜索框部分,我们应用到了一些 js 代码来实现默认状态为
"请输入关键词"、当鼠标点击后清空默认文字的效果。

```
onblur="if(this. value=='') {this. value='请输入关键词';}" onfocus="this. value='';" value="
请输入关键词"
```

onblur 事件是光标失去焦点时。也就是说当鼠标失去焦点的时候,如果当前值为空,
那么就为其添加值"请输入关键词"。onfocus 事件是光标得到焦点时。当光标定位到输入
框时,清空 value 值。

本区块 CSS 代码如下：

```
/*搜索区域样式*/
.search{ padding:0 10px 10px 10px;}
.search h2{ font-size:12px; line-height:25px; }
.searchBox{ width:215px; border:#CCCCCC solid 1px; margin:0 auto; }
.seaBtn{
    border:0;float:right;width:45px; height:17px; border-left:#ddd solid 1px;
    margin:5px auto auto 10px;
    background:url(../images/mainBg.gif) no-repeat -180px -132px;
    cursor:pointer;
    }
.txtArea{
    width:150px; color:#999999; border:0; height:26px;
    line-height:28px; padding-left:5px; float:left; }
.hotSearch{
    width:215px; margin:0 auto; border-bottom:#CCCCCC dashed 1px;line-height:30px;
    }
.hotSearch a{color:#666666;margin:0 5px;}
.hotSearch a:hover{ text-decoration:underline; }
.search ul{ padding:5px 0;}
.search ul li{
    width:45%; float:left;padding-left:10px;
    background:url(../images/mainBg.png) no-repeat -216px -130px; padding-left:7px;
    overflow:hidden;
    }
.search ul li a{font-size:12px;color:#666666;line-height:23px; }
/*搜索区域样式结束*/
```

设置完成，实现如图 12－157 效果。

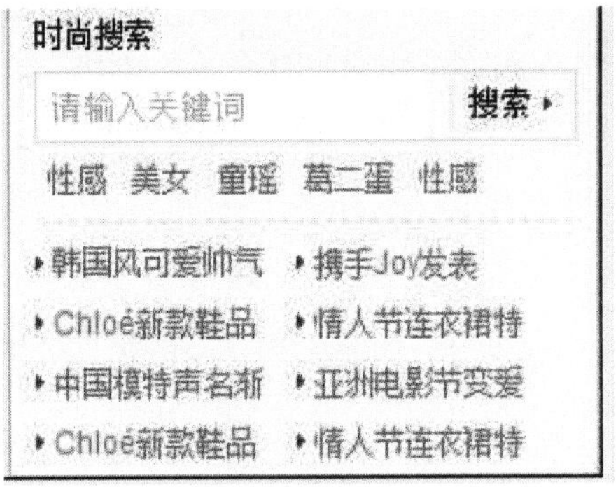

12.6.11　搭建时尚,数码,奢华区块

我们并没有新建一个 div 区块来放置本部分
内容,而是直接利用 content 这层内容栏。我们
在 content 后面又添加了一个类 imgAboutList,
用来作为样式的接口,具体 html 代码如下：

图 12－157

```
<div class="content imgAboutList">
    <div class="hd hdB"><a href="#">>>更多</a><h2>时装，数码，奢华</h2></div>
        <ul>
            <li>
                <a href="#"><img src="images/sl.jpg" alt="童瑶" /></a>
                <h3><a href="#">流行数码</a></h3>
                <h4><a href="#">世界上最小的音乐播放器</a></h4>
                <p>苹果公司的 iPod shuffle 现在起价只有人民币 488 元，是目前世界上最小的
音乐播放器<a href="#">[详细]</a></p>
            </li>
            <li>
                <a href="#"><img src="images/mnyy.jpg" alt="童瑶" /></a>
                <h3><a href="#">流行趋势</a></h3>
                <h4><a href="#">时装周：虐待狂人对阵温馨 OL</a></h4>
                <p>每一个设计师都有自己心底的小秘密，这些秘密通通"见光死"，但他们都会
通过作品来抒发。这是<a href="#">[详细]</a></p>
            </li>
            <li>
                <a href="#"><img src="images/gtt.jpg" alt="童瑶" /></a>
                <h3><a href="#">性感内衣</a></h3>
                <h4><a href="#">测试你的文胸"过期"了吗</a></h4>
                <p>文胸是女性的贴身宝贝，但并不是每个人都能了解"她"。文胸尺寸太大，会
使乳房下垂，起不到<a href="#">[详细]</a></p>
            </li>
            <li>
                <a href="#"><img src="images/gtt2.jpg" alt="童瑶" /></a>
                <h3><a href="#">流行趋势</a></h3>
                <h4><a href="#">T 台找灵感 12 个万圣节造型</a></h4>
                <p>想要搞鬼大闹一场，却又不想失去时尚品味？现在就带着大家从刚结束的
2014 春夏时装周找灵感吧。
<a href="#">[详细]</a></p>
            </li>
            <li>
                <a href="#"><img src="images/klntl.jpg" alt="童瑶" /></a>
                <h3><a href="#">时尚热报</a></h3>
                <h4><a href="#">孙俪：从优雅女郎到俏皮小子</a></h4>
                <p>孙俪一头短发依然能造型百变，从优雅女郎到俏皮小子全都演绎得如鱼得
水。<a href="#">[详细]</a></p>
            </li>
            <li>
                <a href="#"><img src="images/llkls.jpg" alt="童瑶" /></a>
                <h3><a href="#">流行趋势</a></h3>
```

```
                〈h4〉〈a href="♯"〉甲油界欢乐多 会变色还能发光〈/a〉〈/h4〉
                〈p〉除了品牌丰富的创意指甲油之外,我们还有哪些甲油来让生活变得更有意思
一点呢?〈a href="♯"〉[详细]〈/a〉〈/p〉
            〈/li〉
        〈/ul〉
    〈/div〉
```

【代码解析】　本区块的 imgAboutList 这个类和下面一个版块"妆容,生活,娱乐"的左边部分可以复用。

标题 hd 部分我们又添加了一个类 hdB,用来设置黑色背景图和白色文字。

下面的 ul 中都是结构相同的列表项。li 里先后添加了图片 h3、h4 和 p 段落。

CSS 样式代码如下:

```
.imgAboutList ul{
    padding-bottom:5px;
}
.imgAboutList li{
    width:365px;
    float:left;
    margin:5px;
    _display:inline;              /* 兼容 IE6 */
}
.imgAboutList li img{
    float:left;
    width:160px;
    height:110px;
    margin-right:8px;
}
.imgAboutList li h3 a{
    color:♯666666;
    font-size:12px;
    font-weight:normal;
    line-height:26px;
}
.imgAboutList li h4 a{
    color:♯000;
    font-size:14px;
    font-weight:normal;
}
.imgAboutList li p{
    color:♯999999;
    line-height:22px;
}
```

样式设置完成后,效果如图 12 - 158 所示。

图 12 - 158

12.6.12 搭建排行榜区块

同样,本部分内容我们也是直接利用 sidebar 这层区块。本区块也是一个 tab 选项卡的应用,具体 html 如下:

```
〈div class="sidebar top8"〉
    〈div class="top8Title"〉
            〈h2〉排行榜 〈span〉HOT〈/span〉〈/h2〉
            〈ul〉
                    〈li class="active"〉〈a href="#"〉时尚〈/a〉〈/li〉
                    〈li〉〈a href="#"〉享乐〈/a〉〈/li〉
                    〈li〉〈a href="#"〉体验〈/a〉〈/li〉
            〈/ul〉
    〈/div〉
    〈div class="topCon" style="display:block;"〉
        〈ul〉
            〈li〉〈a href="#"〉携手 Joyrich 发表 2011 春夏包款〈/a〉〈/li〉
            〈li〉〈a href="#"〉揭秘用纯牛肉做的 Lady Gaga〈/a〉〈/li〉
            〈li〉〈a href="#"〉测试你的文胸"过期"了吗 〈/a〉〈/li〉
            〈li〉〈a href="#"〉雪纺荷叶边 清新浪漫风 〈/a〉〈/li〉
            〈li〉〈a href="#"〉皮草原色单品 显个性奢华派 〈/a〉〈/li〉
            〈li〉〈a href="#"〉情人节礼服之战衣选择 〈/a〉〈/li〉
            〈li〉〈a href="#"〉早春百褶超长裙 〈/a〉〈/li〉
            〈li〉〈a href="#"〉携手 Joyrich 发表 2011 春夏包款〈/a〉〈/li〉
        〈/ul〉
    〈/div〉
    〈div class="topCon"〉
        ……
    〈/div〉
    〈div class="topCon"〉
```

```
……
        </div>
        <div class="topBanner"><a href="#"><img src="images/xgmv.jpg" /></a></div>
    </div>
```

本部分是我们熟悉的选项卡内容,结构中省略了部分代码,在此也不需要具体讲解。具体样式如下:

```
/* top8 样式 */
.top8{ padding-bottom:10px;}
.top8Title{height:27px; border-bottom:#ccc solid 1px; margin:0 4px;}
.top8Title h2{
    width:70px; font-size:12px; line-height:27px; float:left; }
.top8Title h2 span{ font-family:Verdana; color:#666666; }
.top8Title ul{ width:155px; float:right; height:27px; padding-top:4px; }
.top8Title ul li{
    float:left;width:48px; height:22px;line-height:22px;
    text-align:center; border:#ccc solid 1px; border-bottom:0;
    margin-right:1px; }
.top8Title ul li.active{background:#fff; height:25px; margin-top:-2px;}
.top8Title ul li.active a{ color:#e30483; line-height:25px;}
.top8Title ul li a{ color:#333333; }
.topCon{ display:none; padding:5px 10px; }
.topCon ul{ padding-left:15px; background:url(../images/mainBg.png) no-repeat -207px
-178px;}
.topCon ul li a{ line-height:26px; color:#333;}
/* top8 样式结束 */
```

样式设置完成后,实现如图 12-159 效果:

图 12-159

当然，还需要在＜head＞内添加以下 JS 代码，使其可以动态切换：

```
＜script type="text/javascript"＞
$(function(){
    $('.top8Title ul li').mousemove(function(){
        $('.top8Title ul li').attr('class','');
        $('.topCon').css('display','none');
        $(this).attr('class','active');
        $('.topCon').eq($(this).index()).css("display","block");
    });
})
＜/script＞
```

12.6.13　搭建妆容，生活，娱乐区块

这部分内容的左边部分和"时尚、数码、奢华"区块完全一样；右边部分分为上中下三部分，和特别推荐里的"boxList"和"imgList"两个版块完全一样，html 代码如下：

```
〈div class="content"〉
    〈div class="hd hdB"〉〈a href="#"〉＞＞更多〈/a〉〈h2〉妆容，生活，娱乐〈/h2〉〈/div〉
        〈div class="imgAboutList w380 fl clearfix"〉
        〈ul〉
            〈li〉
                〈a href="#"〉〈img src="images/5-12112Q51232.jpg" /〉〈/a〉
                〈h3〉〈a href="#"〉性感内衣〈/a〉〈/h3〉
                〈h4〉〈a href="#"〉测试你的文胸"过期"了吗〈/a〉〈/h4〉
                〈p〉文胸是女性的贴身宝贝，但并不是每个人都能了解"她"。文胸尺寸太大，会
使乳房下垂，起不到〈a href="#"〉［详细］〈/a〉〈/p〉
            〈/li〉
            〈li〉
                〈a href="#"〉〈img src="images/5-121119144G7.jpg" /〉〈/a〉
                〈h3〉〈a href="#"〉流行趋势〈/a〉〈/h3〉
                〈h4〉〈a href="#"〉T 台找灵感 12 个万圣节造型〈/a〉〈/h4〉
                〈p〉想要搞鬼大闹一场，却又不想失去时尚品味？现在就带着大家从刚结束的
2014 春夏时装周找灵感吧。
    〈a href="#"〉［详细］〈/a〉〈/p〉
            〈/li〉
            〈li〉
                〈a href="#"〉〈img src="images/5-110923154148.jpg" /〉〈/a〉
                〈h3〉〈a href="#"〉时尚热报〈/a〉〈/h3〉
                〈h4〉〈a href="#"〉孙俪:从优雅女郎到俏皮小子〈/a〉〈/h4〉
                〈p〉孙俪一头短发依然能造型百变，从优雅女郎到俏皮小子全都演绎得如鱼得
水。〈a href="#"〉［详细］〈/a〉〈/p〉
            〈/li〉
```

```
            〈li〉
                〈a href="#"〉〈img src="images/5－12092G401320－L.jpg" /〉〈/a〉
                〈h3〉〈a href="#"〉流行趋势〈/a〉〈/h3〉
                〈h4〉〈a href="#"〉甲油界欢乐多 会变色还能发光〈/a〉〈/h4〉
                〈p〉除了品牌丰富的创意指甲油之外,我们还有哪些甲油来让生活变得更有意思
一点呢? 〈a href="#"〉[详细]〈/a〉〈/p〉
            〈/li〉
        〈/ul〉
    〈/div〉
    〈div class="fr w360"〉
        〈ul class="imgList clearfix"〉
            〈li〉〈a href="#"〉〈img src="images/5－110923154144.jpg" /〉我可以引领趋势〈/
a〉〈p〉在家居领域,耳熟能详的鼎鼎大名的品牌几乎都属于〈/p〉〈/li〉
            〈li〉〈a href="#"〉〈img src="images/5－120926142110.jpg" /〉范冰冰百变发型
〈/a〉〈p〉在家居领域,耳熟能详的鼎鼎大名的品牌几乎都属于〈/p〉〈/li〉
        〈/ul〉
        〈ul class="boxList"〉
            〈li〉〈span〉〈a href="#"〉潮男潮女〈/a〉〈/span〉〈p〉〈a href="#"〉揭秘用纯牛肉做
的 Lady Gaga"裙"〈/a〉〈/p〉〈/li〉
            〈li〉〈span〉〈a href="#"〉潮男潮女〈/a〉〈/span〉〈p〉〈a href="#"〉百达翡丽:独一
无二的珍品〈/a〉〈/p〉〈/li〉
            〈li〉〈span〉〈a href="#"〉潮男潮女〈/a〉〈/span〉〈p〉〈a href="#"〉春夏服装面面
观〈/a〉〈/p〉〈/li〉
            〈li〉〈span〉〈a href="#"〉潮男潮女〈/a〉〈/span〉〈p〉〈a href="#"〉百达翡丽:独一无
二的珍品〈/a〉〈/p〉〈/li〉
        〈/ul〉
        〈ul class="imgList clearfix"〉
            〈li〉〈a href="#"〉〈img src="images/5－120926142109.jpg" /〉我可以引领趋势〈/
a〉〈p〉在家居领域,耳熟能详的鼎鼎大名的品牌几乎都属于〈/p〉〈/li〉
            〈li〉〈a href="#"〉〈img src="images/5－110923154148－50.jpg" /〉范冰冰百变
发型〈/a〉〈p〉在家居领域,耳熟能详的鼎鼎大名的品牌几乎都属于〈/p〉〈/li〉
        〈/ul〉
    〈/div〉
〈/div〉
```

【代码解析】 左边部分和上一个模块共用 imgAboutList 类,不同的部分是这个部分需
要设置宽度。因此我们添加了一个 w380 类来设置宽度,同时设置左浮动类 fl。

```
.w380{width:380px;}
```

我们为右边部分的容器定义了一个用于右浮动的类 fr 和宽度的类 w360。如果你还是
不太明白的话,可以再看一下图 12-148,这里涉及到的新样式只有一个 w360:

```
.w360{width:360px;}
```

我们在部署之前就已经考虑到了样式的复用,这里分为上中下三个结构:

```
<div class="fr w360">
    <ul class="imgList clearfix"></div>
    <ul class="boxList"></div>
    <ul class="imgList clearfix"></div>
</div>
```

结构完全和特别推荐版块里的一模一样。因此,我们不需要去额外添加样式,便实现了如图 12 - 160 效果。

图 12 - 160

12.6.14　搭建推荐文章区块

此部分没有任何我们陌生的知识点,因此在这里只将用到的 HTML 和 CSS 列出:

```
<div class="sidebar show">
    <h2>推荐文章 <span>SHOW</span></h2>
    <ul>
        <li><a href="#">携手 Joyrich 发表 2011 春夏包款</a></li>
        <li><a href="#">揭秘用纯牛肉做的 Lady Gaga</a></li>
        <li><a href="#">测试你的文胸"过期"了吗 </a></li>
        <li><a href="#">雪纺荷叶边 清新浪漫风 </a></li>
        <li><a href="#">皮草原色单品 显个性奢华派 </a></li>
        <li><a href="#">情人节礼服之战衣选择 </a></li>
```

```
                <li><a href="#">早春百褶超长裙</a></li>
                <li><a href="#">携手 Joyrich 发表 2011 春夏包款</a></li>
            </ul>
            <div class="topBanner"><a href="#"><img src="images/nrsfh.jpg" width="225" height
="259" /></a></div>
        </div>
    /* 推荐文章 */
    .show{ padding-bottom:6px;}
    .show h2{font-weight:normal;font-size:12px;line-height:27px;
        border-bottom:#DFDFDF solid 1px;width:95%; margin:0 auto;}
    .show h2 span{ font-family:Verdana;color:#666666;}
    .show ul{padding:3px 10px; }
    .show ul li{background:url(../images/index.png) no-repeat -275px -117px; padding-
left:7px;}
    .show ul li a{ line-height:26px; color:#333;}
    /* 推荐文章结束 */
```

设置完成后,效果如图 12-161:

图 12-161

12.6.15　搭建图文特荐区块

此部分也没有任何难点,这里将 html 和 CSS 列出,html 如下:

```html
<div class="main picText clearfix">
    <h2>图文特荐</h2>
    <ul class="litImgList fl">
        <li><a href="#"><img src="images/5-130116112P9.jpg" />《单身男女》:三</a></li>
        <li><a href="#"><img src="images/5-130116112Q2.jpg" />张雨绮缺席《刀</a></li>
        <li><a href="#"><img src="images/5-121220155338.jpg" />昔日剧照见证</a></li>
        <li><a href="#"><img src="images/5-130116112Q6.jpg" />央视主播批评</a></li>
        <li><a href="#"><img src="images/5-130116112Q7.jpg" />爱戴泪洒国家体育</a></li>
        <li><a href="#"><img src="images/5-130116112Q9.jpg" />《单身男女》:三</a></li>
    </ul>

    <ul class="txtList fr">
        <li><a href="#">Bottega Veneta 将推出香水系列</a></li>
        <li><a href="#">Burberry 新推英伦格子香水</a></li>
        <li><a href="#">全世界最昂贵的香水瓶亮相</a></li>
        <li><a href="#">圣诞欲望清单 2010 限量香氛 </a></li>
        <li><a href="#">六款经典名香背后的故事</a></li>
    </ul>
</div>
```

CSS 代码部分:

```css
/*图文特荐样式*/
.picText{ background:#f1f1f1; border:#ccc solid 1px; margin-top:10px; clear:both;}
.picText h2{ font-size:12px; line-height:25px; padding-left:10px;}
.litImgList{ width:760px; }
.litImgList li{ width:114px; text-align:center; float:left; margin:5px 6px; _margin:3px; display:inline; }
.litImgList li img{ width:110px; height:75px; padding:2px; border:#CCCCCC solid 1px; margin-bottom:5px; }
.txtList{ float:right; width:235px; margin-top:-15px; }
.txtList li{background: url(../images/index. png) no-repeat -275px -117px; padding-left:7px;}
.txtList li a{ font-size:12px; line-height:24px; color:#333333; }
/*图文特荐样式结束*/
```

设置完成后效果如图 12-162:

图 12-162

12.6.16　搭建友情链接区块

友情链接部分的 html 代码如下：

```
〈div class="main friend"〉
    〈ul class="clearfix"〉
        〈li class="tit"〉友情链接〈/li〉
        〈li〉〈a href="http://www. wuhunews. cn/" target="_blank"〉芜湖新闻网〈/a〉〈/li〉
        〈li〉〈a href="http://www. wuhujiayou. com/" target="_blank"〉芜湖佳友宠物美容摄影
工作室〈/a〉〈/li〉
        〈li〉〈a href="♯"〉芜湖日报报业集团〈/a〉〈/li〉
        〈li〉〈a href="http://www. chambon. cn/" target="_blank"〉芜湖尚邦电子商务有限公司
〈/a〉〈/li〉
        〈li〉〈a href="http://edu. wuhunews. cn/" target="_blank"〉芜湖网页培训〈/a〉〈/li〉
    〈/ul〉
〈/div〉
```

CSS 样式代码如下：

```
/ * 友情链接 * /
. friend{ background:♯f1f1f1; border:♯ccc solid 1px; margin-top:10px; clear:both; }
. friend ul{ margin:10px;}
. friend ul li{ float:left; margin-right:5px; }
. friend ul li a{ background-color:♯cccccc;display:block;padding:10px 20px;color:♯333333;}
. friend ul li a:hover{background-color:♯0ebaef; color:♯FFFFFF; }
. tit{ background-color:♯0ebaef; height:34px; line-height:34px; padding:0 20px;color:♯
FFFFFF;}
/ * 友情链接 * /
```

设置完成后，效果如图 12 - 163。

图 12 - 163

12.6.17　搭建底部

底部部分看似复杂，其实重点还是布局。里面分为"认识百智"、"版权所有"以及"关于
百智"三个板块，HTML 代码如下：

```
〈div class="footer"〉
〈span〉〈/span〉
    〈div class="inFooter"〉
        〈div class="baizhiss"〉
            〈h2〉认识百智〈/h2〉
            〈ul〉
```

```
        <li><a target="_blank" href="/about/Index.html">关于我们</a></li>
        <li><a target="_blank" href="/about/Culture.html">百智文化</a></li>
        <li><a target="_blank" href="/about/Legal.html">法律声明</a></li>
        <li><a target="_blank" href="/about/Adv.html">广告服务</a></li>
        <li><a target="_blank" href="/about/Partners.html">合作伙伴</a></li>
        <li><a target="_blank" href="/about/Join.html">加入我们</a></li>
        <li><a target="_blank" href="/about/Contact.html">联系百智</a></li>
        <li><a target="_blank" href="/about/Link.html">友情链接</a></li>
    </ul>
    <h3>时尚 QQ 群:143493159</h3>
</div>

<div class="copyright">
    <h2>版权所有</h2>
    <p>·百智时尚传媒版权所有,未经授权禁止复制或建立镜像</p>
    <p>·请严格遵守互联网络法制和法规</p>
    <p>·严禁一切有损本网站或本公司合法利益的行为</p>
    <div class="child">
        <h3>旗下网站</h3>
        <ul>
            <li><a href="#">百智空间:www.baizhikj.com</a></li>
            <li><a href="#">梦骑士:http://www.mqs.cc</a></li>
            <li><a href="#">时尚商城:meilibaike.taobao</a></li>
            <li><a href="#">建站服务:baizhikj.taobao</a></li>
        </ul>
    </div>
    <div class="other">
        <h3>其他服务</h3>
        <ul>
            <li><a href="#">信箱:404538164@qq.com </a></li>
            <li><a href="#">合作:404538164@qq.com </a></li>
        </ul>
    </div>
    <div class="clear"></div>
</div>

<div class="about">
    <h2>关于百智</h2>
    <p>百智时尚网是引领时尚文化潮流,专注最新时尚动态、聚焦时尚品牌资讯、提高时
尚生活品味的新概念门户。百智时尚网是中国最大的时尚传媒之一...</p>
    <h3>联系我们</h3>
    <ul>
```

```
            <li class="adress">联系地址:中国·安徽 WuHu China 芜湖市</li>
            <li class="contact">手机/Mob:15357038455 & 15215532489</li>
            <li class="mail">E_mail:404538164@qq.com</li>
            <li class="wb">腾讯微博:http://t.qq.com/baizhissbr<br/>新浪微博:http://t.
sina.com.cn/baizhiss</li>
              </ul>
          </div>
          <p class="copyP">Copyright &copy; 2002—2013 BAIZHISS.COM. 百智时尚网 版权所
有</p>
        </div>
    </div>
```

【代码解析】　整个 footer 区域内部的第一个元素 span 是用来定义最上部的那条粗的纯黑色线的,如下图 12 - 164:

图 12 - 164

我们给 span 设置一个 10 像素黑色的上边框和一个 1 像素灰色的下边框,此效果即可实现。

inFooter 区域分三个版块:

```
<div class="footer">
    <div class="baizhiss"></div>
    <div class="copyright"></div>
    <div class="about"></div>
</div>
```

这三个版块利用浮动,设置成左中右布局。布局做好之后,便可编写详细样式。底部完整样式如下:

```
/*底部样式*/
.footer{
    height:409px;
    background:#151515 url(../images/mainBg.gif) repeat-x 0 365px;
    margin-top:10px; clear:both; }
.footer span{ border-top:#000 solid 10px; border-bottom:#424242 solid 1px; display:block;}
.footer h2,.footer h3{text-indent:-9999px;}
.inFooter{width:1000px;margin:0 auto;padding:25px 0 0;color:#666666;}
.inFooter a,.inFooter p{ color:#666666;}
.baizhiss{width:215px; height:300px; float:left;}
.baizhiss h2{ width:150px; height:22px; font-size:0;
    background:url(../images/mainBg.gif) no-repeat 0 -397px;}
.baizhiss ul li{ line-height:28px;padding-left:12px;
    background:url(../images/mainBg.gif) no-repeat -209px -394px;}
```

```
. baizhiss ul li a{color:#666666;}
. baizhiss h3{ width:160px; height:22px;
background:url(. . /images/mainBg. gif) no-repeat 0 -540px;font-size:0; }
. copyright{
    width:430px; height:300px; float:left;padding-left:10px;
    background:url(. . /images/newb_line. png) no-repeat left;
    }
. copyright h2{
    width:150px; height:22px;
    background:url(. . /images/mainBg. gif) no-repeat 0 -420px;
    font-size:0;
}
. copyright p{ line-height:27px; color:#666666; }
. child{ width:225px;height:140px;float:left; }
. child h3{width:150px; height:22px;
    background:url(. . /images/mainBg. gif) no-repeat 0 -470px;font-size:0; margin-bot-
tom:5px;}
. child ul li{line-height:28px; border-bottom:#202020 solid 1px;padding-left:25px;
    background:url(. . /images/mainBg. gif) no-repeat -200px -418px;}
. other{ width:200px;height:140px;float:right; }
. other h3{
    width:150px; height:22px;
    background:url(. . /images/mainBg. gif) no-repeat 0 -494px;
    font-size:0; margin-bottom:5px;}
. other ul li{
    line-height:28px; border-bottom:#202020 solid 1px; padding-left:25px;
    background:url(. . /images/mainBg. gif) no-repeat -199px -444px;
    }
. about{
    width:325px; float:right; height:300px; padding-left:10px;
    background:url(. . /images/newb_line. png) no-repeat left;
    }
. about h2{
    width:150px; height:22px;background:url(. . /images/mainBg. gif) no-repeat 0 -444px;
    font-size:0; margin-bottom:5px;}
. about h3{
    width:150px; height:22px;background:url(. . /images/mainBg. gif) no-repeat 0 -517px;
    font-size:0; margin-bottom:5px;}
. about p{line-height:25px; text-indent:2em; }
. about ul li{ line-height:28px; border-bottom:#202020 solid 1px; padding-left:25px;}
. adress{background:url(. . /images/mainBg. gif) no-repeat -198px -475px;}
```

```
.contact{background:url(../images/mainBg.gif) no-repeat -198px -506px;}
.mail{background:url(../images/mainBg.gif) no-repeat -198px -533px;}
.wb{background:url(../images/mainBg.gif) no-repeat -198px -565px;}
p.copyP{ line-height:50px; color:#FFFFFF; padding-top:30px; _padding-top:7px;
    *padding-top:7px; font-family:Arial; clear:both; }
/*底部样式*/
```

样式中用到了大量的 css sprite 技术,精确找到每一个图标的坐标是重点。在制作的过程中,可以边做边对坐标进行微调,直到它们非常精准地显示在我们需要的地方。效果如图 12-165:

图 12 - 165

全部制作完成之后,将之前布局作为视觉范围用的边框给注释掉即可。

第13章　响应式设计

随着移动设备的逐渐普及和 Web 技术的发展,跨终端的 Web 开发需求将会越来越大。在 PC 机上很不错的效果,拿到手机上看可能就窄得无法看清。如何在多种设备上(如 iPhone、iPad)进行跨终端的界面适配呢? 我们可以利用一种叫做响应式设计的方法来创建对设备有感知力的网站,以针对相应的屏幕实现更加优化的体验。

13.1　什么是响应式设计

响应式设计,简言之就是一个网站能够兼容多个终端(如智能手机、平板电脑、笔记本、PC 机器)。2010 年 5 月 25 日,伊桑·马科特在 A List Apart 上发表了一篇名为《Responsive Web Design》的文章。文中将三种已有的技术整合在一起,提出了响应式网页设计的概念,用以解决我们当前面对各种访问设备所遇到的设计难题。

13.2　移动设备上的不同表现

这里我们以 iPad 和 iPhone 5 作为目标设备。首先,让我们在小屏幕上看一看第 12 章集团网站的页面。

iPad 屏幕尺寸是 1024×768 像素,由于页面布局宽度为 1000 像素,因此在横向(水平)的时候恰好能容纳我们设置的宽为 1000 的布局,看起来还不错。当我们把 iPad 竖过来(垂直)以后,页面布局就放不开了,原来的宽度为 1000 的页面被整体缩小到 iPad 竖屏 768 的宽度,而且没有铺满屏,下方留出了大量空白。如图 13-1 所示。

图 13-1

我们接着看其在 iPhone 上的显示效果,在横屏的时候文字已经小得看不清了。而竖屏时,页面变得更小了,此时用户必须利用扩展手势,在屏幕上来回扫屏,才能看清相应的内容,如图 13－2。

图 13－2

如图 13－1 和图 13－2 所示,在 ipad 和 iphone 上浏览页面,设备会自动缩小页面以适应屏幕。但是这种布局不能带来很好的用户体验,尤其是在 iphone 手机竖屏也就是用户自然握手机的情况下,文字小得几乎看不见,用户根本无法准确地点击相应的链接。

很明显,这种单一的布局模式已经不能适应移动设备的屏幕尺寸。我们需要一套代码来为各类设备提供良好的设计效果和使用体验。下面我们就来看看实现这点需要哪些技术。

13.3　本地如何模拟移动设备

在开始制作之前,首先我们碰到的问题就是,页面都是在电脑上制作的,那么,我们如何用手机或平板电脑来查看页面效果呢?

如果用手机或平板来浏览我们在电脑上制作的页面,我们需要一个服务器空间,将我们制作好的页面上传至服务器,通过绑定服务器的域名来查看页面效果。

那么问题是,没有服务器该怎么办呢?

解决的办法是,我们可以利用谷歌的 Chrome 浏览器在本地 PC 机上来模拟移动设备。

这里我们以国外一个响应式网站 clearleft.com 为例,来说明如何在本地模拟移动设备。

首先,我们要安装最新的谷歌 Chrome 浏览器,版本至少要在 32 以上。这里我们以

Chrome34 版本为例来说明。

打开"开发者工具",快捷键(F12),或在页面空白处右键＞选"审查元素"选项。如图 13－3。

图 13－3

页面下部会弹出开发人员工具,如图 13－4 所示,然后点击右上角的 $\gg$ 图标。

图 13－4

点击后在弹出界面再点击"Emulation"选项,便可以选择需要模拟的设备。"Emulate"是开始模拟,"Reset"是复原选项,如图 13 - 5。

图 13 - 5

Device 里面可以选择各种手机或者平板设备,大概有 20 种之多。如图 13 - 6。

图 13 - 6

这里我们选择的模拟设备为 iPhon5,点击"Emulate"开始模拟,便可看到如图 13 - 7 所示效果。

图 13 - 7

图 13-7 所示是我们自然握手机状态下的竖屏效果。如果想看横屏的效果,点击 "Screen"选项,然后点击切换横竖屏尺寸选项 ⇄ 并刷新页面即可。

如图 13-8,便是横屏效果。

图 13 - 8

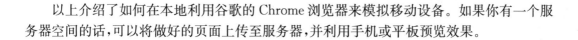

以上介绍了如何在本地利用谷歌的 Chrome 浏览器来模拟移动设备。如果你有一个服务器空间的话,可以将做好的页面上传至服务器,并利用手机或平板预览效果。

13.4　响应式设计的三个重要方面

(1)媒体查询:一种 CSS 语法,可以根据浏览器的特性——一般是屏幕或浏览器容器宽度——提供 CSS 规则;

(2)流式布局:使用 em 或百分比等相对单位设定页面总体宽度,让布局能够随屏幕大小而缩放;

(3)弹性图片:使用相对单位确保图片再大也不会超过其容器。

这几个方面最早是由伊桑·马科特提出来的,发表在 2010 年 5 月份的 A List Apart 杂志上。

13.5　媒体查询

媒体查询是 CSS3 的附加模块之一,它可以让我们根据设备显示器的特性为其指定 CSS 样式。媒体查询的写法有两种:@media 规则和⟨link⟩标签的 media 属性。

13.5.1　@media 规则

第一种方式是@media 规则,可以在样式表或⟨style⟩标签的 CSS 中包含媒体查询。比如,当视图宽度小于等于 760 像素时,如下规则将会生效。基本上,应该将所有的容器宽度从像素值设置为百分比以使得容器大小自适应。

```
@media screen and (max-width:768px) {
.content{float:none; width:98%; margin:0 auto;}
}
```

iPad 的屏幕分辨率是 1024×768,iPhone 4 的屏幕分辨率为 320×480,而 iPhone 5 的屏幕分辨率为 320×568,通过此方法我们便可以为不同的情况设置不同的断点。

13.5.2　⟨link⟩标签的 media 属性

在第三章我们介绍过,media 属性指定用于文档的输出设备。这里要给大家介绍一个新的知识点,就是在⟨link⟩标签的 media 属性中还可以指定条件,可以有选择地加载样式表。

例如:

```
⟨link type="text/css" media="screen and (max-width:320px)" href="css/iphone_styles.css" /⟩
```

这样一来,样式表只会被查看该页面的智能手机加载。以上语句声明了当用户视口最大宽度为 320px,也就是小于等于 320px 的视口就会加载该样式。那怎么使用媒体查询最直观呢? 最直观的方式莫过于根据不同的断点来编写媒体查询。

13.6　流式布局

流式布局主要使用百分比来设置各个部分的宽度,以适应不同的分辨率。使用百分比布局创建弹性的流动界面,同时使用媒体查询来限制元素的变动范围。这两者组合到一起构成了响应式设计的核心,基于此可以创造出真正完美的设计。

关于百分比的计算,我们需要记住,只要是在子元素中出现百分比的数值,如 width、padding、margin,指的是其父元素的 width 值的百分比。百分比数值,只能出现在 width、padding、margin 上,边框的宽度没有百分比。

13.7　弹性图片

响应式 Web 设计的思路中,重要的一点是图片方面问题的处理。通常的做法是在 CSS 中作如下声明:

```
img {max－width:100%;}
```

只要没有其他涉及图片宽度的样式代码覆盖掉这一行规则,页面上所有的图片就会以其原始宽度进行加载,除非其容器可视部分的宽度小于图片的原始宽度。上面的代码确保图片宽度不会超过浏览器窗口或是其容器可视部分的宽度,所以当窗口或容器的可视部分变窄时,图片的最大宽度值也会相应减小。

13.8　阻止移动浏览器自动调整页面大小

如图 13-1 和图 13-2 所示,iPad 和 iPhone 会把适合大屏幕的网页缩小,以便在它们较小的屏幕上能看到网页的全貌。这是一个通用技巧,但对于手机——特别是 iPhone 来说,由于文字实在太小了,为了看清楚网页内容,肯定得用扩展手势放大页面,然后再来回扫屏。如果你想让自己的页面布局适合这些小屏幕,首先就要覆盖这种自动缩小的设定。方法是在页面的〈head〉标签里添加一个〈meta〉标签:

```
<meta name="viewport" content="width=device－width, initial－scale=1.0, minimum－scale=1.0, maximum－scale=1.0,user－scalable=no"/>
```

这个〈meta〉标签告诉浏览器按照屏幕宽度来显示网页,不要缩小网页。具体约束规则写在 content 中。每个约束规则之间用逗号隔开。

viewport	代表视口。
width=device－width	告诉浏览器页面的宽度应该等于设备的宽度。
initial－scale=1.0	设置视口默认的缩放等级为1
minimum－scale=1.0	设置视口最小缩放等级为1
maximum－scale=1.0	设置视口最大缩放等级为1
user－scalable=no	不允许用户缩放页面

以上代码表示我们将视口宽度设置为设备宽度,并将缩放比例设置为 1.0,也就是按照

实际大小来渲染页面,同时还设置了视口的最大和最小缩放等级都为 1。

你可以禁止用户缩放页面,user－scalable＝no 即禁止缩放。但缩放是一个很重要的辅助功能,所以在实践中很少禁用。下面是我们通常使用的视口约束 meta 标签:

```
<meta name="viewport" content="width=device－width, initial－scale=1.0">
```

响应式界面,都要记得加上 meta viewport 视口约束标记。

13.9　用 em 代替 px

px 是 css 中最常用的绝对长度单位,可以做到让页面按套路精确地展现。

em 是相对单位,实际大小是相对于其上下文的字体大小而言的。em 相对的基准点就是浏览器的字体大小。浏览器默认字体大小是 16px,也就是 1em 默认等于 16px。如果你想给某个文字设定为 14px,就这样写:font－size:0.875em; 公式是 14/16em＝0.875em,如果想要 15px,那么就是 15/16em＝0.938em,以此类推。

为了方便计算,可以在根节点〈html〉上重定义基准字号 html {font－size:62.5%},此时页面基准字号就是 16px ＊ 62.5％ ＝ 10px,那么 1em＝10px,14px＝1.4em,12px＝1.2em,以此类推。

这样做的好处是,如果在完成了所有的文字排版后,希望将文字统一放大的话,可以只修改根节点 html 的文字大小,其他文字也会相应变化。

13.10　对 iPad 竖屏进行优化

由于我们设置的页面的主体宽度是 1000px,而 iPad 的屏幕尺寸是 1024＊768,所以我们在 iPad 横屏时看到的页面效果刚刚好。因此,我们从 iPad 竖屏开始进行设置。

首先看一下我们针对 iPad 竖屏设置好的效果,如图 13－9:

从上图 13－9 我们可以看出,当 iPad 屏幕竖起来时,原来的图片新闻部分分成了两列,跑到了最前面。而原来通知公告下方彩色的服务图标的内容,为了显示出更好的效果,此时已经变成了我们自定义的字体图标。

本效果充分利用了有限的空间,避免了之前屏幕下方留有的大量的空白,文字也可以相应地放大一点显示,提高了用户体验的效果。

下面,我们开始逐步制作。

首先我们要在 head 添加阻止移动浏览器自动调整页面大小代码:

```
<head>
<meta http－equiv="Content－Type" content="text/html; charset=utf－8" />
<meta name="viewport" content="width=device－width, initial－scale=1.0">
<title>芜湖日报报业集团</title>
<link rel="stylesheet" type="text/css" href="css/style.css" media="all" />
</head>
```

图 13 - 9   图 13 - 10

如图 13 - 10 所示,页面的一部分被切掉了,并没有整体缩小。

由于 iPad 竖起来时,横向尺寸是 768,因此,我们从 768 这个尺寸开始设置断点。我们直接在样式表中添加 CSS 规则,当然你也可以将 CSS 新建样式表利用 link 标签的 media 属性进行导入样式。

```
@media screen and (max—width:768px) {          /* 768 的断点 */
#header h1{width:100%;}                         /* h1 的宽度变为适应屏幕尺寸 */
#header img{max—width:100%;}                    /* 图片变为弹性图片 */
#nav ul{width:100%;}
#banner{ width:100%; margin:5px auto;}
#banner img{max—width:100%;}                    /* 弹性图片 */
#main{ width:98%;}                              /* 主体区变为98%,使两端有点留白 */
.hd h2{font—size:2em; display:inline—block;}    /* 区块头部转为行级块元元素 */
.imgNews{ width:100%; float:none;}              /* 图片新闻区块变为流动,取消之前的浮动 */
.imgNews h3{font—size:1.8em;}
.imgNews li{ width:49%; float:left; margin—right:5px;}   /* 两条图片新闻列表各占屏幕一半 */
.imgNews p{ font—size:1.6em;}
.news,.sidebar{ width:49%; margin:0;}           /* 新闻速递、通知公知分左右两栏显示 */
.news li a,.sidebar li a{ font—size:1.6em;}
```

```
. sever{ display:none;}                          /* 隐藏之前服务区块 */
. severFont{ display:block;}                      /* 显示当前的图标字体服务区块 */
. friend{width:98%;}
@font-face {                                      /* 以下为导入图标字体样式 */
    font-family: 'icomoon';
    src:url('../fonts/icomoon. eot');
    src:url('../fonts/icomoon. eot? #iefix') format('embedded-opentype'),
        url('../fonts/icomoon. woff') format('woff'),
        url('../fonts/icomoon. ttf') format('truetype'),
        url('../fonts/icomoon. svg#icomoon') format('svg');
    font-weight: normal;
    font-style: normal;
}
. iconfont{font-family:"icomoon";font-size:22px;font-style:normal; vertical-align:-4px;}
. severFont li{
    background:nonc;
    border:#666 solid 1px;
    border-radius:5px;                            /* 设置圆角属性 */
    padding:0 15px;
    margin:5px 8px;
    float:left;
    }
}
```

以上代码中,我们对主要样式都添加了注释。

整体思路是将之前所有区块的单位由像素换成百分比,也就是将布局改为流动布局。

将图片改为弹性图片,max-width:100%;使图片具有弹性。当视口尺寸小于图片宽度时,图片可以整体缩放,以适应视口大小。

图片新闻的宽度由 343 像素变为 100%,并取消浮动。这是关键的一步,这样做便实现了图片新闻区块栏位变为通栏显示的效果。后面的新闻速递和通知公告栏位自然会排列到后面并有足够的空间显示。

值得注意的是,我们将通知公告下方服务区的几个图标隐藏了,换成了我们利用图标字体代替的几个图标。这样做的好处是避免了图片放大而带来的失真。图标字体由于其本身就是字符,所以即使放的再大依然会很清晰。

13.11　对 iPhone 横屏进行优化

针对 iPad 布局好的效果只能在一定范围内保持。如果屏幕宽度达到 640 像素以下,也就是达到智能手机的宽度,那么布局便会显得非常拥挤。因此我们需要在 640 这个宽度上增加一个断点。

```
@media screen and (max-width:640px) {
body{-webkit-text-size-adjust:none}        /* 禁止 iphone 横屏文字变大代码 */
#nav li{ width:16%; text-align:center;}      /* 将导航列表的宽度改为 16%,文字居中 */
#nav a{ font-size:1.6em; padding:0;}         /* 导航文字链接在稍微增大一些 */
.imgNews li{ width:100%; margin-bottom:15px;}      /* 图片新闻列表宽度转变为 100%以适
应更小的尺寸 */
.news{ margin-bottom:15px;}
.news,.sidebar{ width:100%; float:none;}      /* 新闻速递、通知公告栏位变为 100% */
.news a,.sidebar a{ font-size:1.4em;}
.friend li{float:left;font-size:1.4em;}
.friend a{padding-right:10px;}
.iconfont{ vertical-align:-4px;}
.severFont li{ padding:0 10px; margin:5px 3px;}
}
```

以上代码中,我们添加了一条禁止 iphone 横屏时文字变大的代码 body{-webkit-text-size-adjust:none}。

通过以上针对智能手机的设置,在横屏时显示如图 13-11 所示。

通过以上设置我们发现在 iphone 横屏的时候整体页面变成了鱼贯而行的垂直布局。导航区域的每列宽度变成了我们设置了 16%,这里我们选择了一个整数,其实,如果精确一点的话,可以设置成 16.66666666666667%(100/6=16.66666666666667),设置文字居中,效果刚好。banner 区域的广告图变成了 100%适应了屏幕。图片新闻区域由原来在 pad 上左右分布,也变成了上下排列。

图 13－11

13.12 对 iPhone 竖屏进行优化

很显然,在 iPhone 横屏时,导航区域已经达到能容纳下所有链接的极限了。如果将手机竖起来,也就是用户自然握住手机的状态,导航自然会折行。让我们先看下目前手机竖屏时的效果。见图 13-12。

图 13-12

如图 13-12 所示,当手机竖起来时,导航区域已经无法容纳下所有的内容。"联系我们"的"们"字已经折行了。此时导航显得非常的拥挤,而且图片新闻部分和新闻速递部分的文字也出现了折行。因此我们选择在 320 这个宽度上增加一个断点。

```
@media screen and(max-width:320px){
#nav{ height:auto; background:none;}   /*对导航进行重新定义*/
#nav li{ width:33.3333333333%;}   /*设置导航列表项目宽为整体宽度的三分之一*/
#nav a{ font-size:1.6em; background:#C00; border-right:#FFF solid 1px;border-bottom:
#FFF solid 1px;}     /*设置导航的文字稍大一些并且有一像素的空白间距*/
.imgNews p{ font-size:1.4em;}       /*设置图片新闻区块里的段落文字稍小些,防止折行*/
.news li span{ display:none;}       /*隐藏新闻速度里的发布时间将有限的空间留给内容*/
.severFont li{margin:5px 8px;}      /*服务区块里的距离稍微扩大一些*/
}
```

经过以上一系列的设置，在 iPhone 竖屏显示效果如图 13-13 所示。

图 13-13

当视口宽度达到 320 手机竖屏的尺寸时，我们将导航设置为两行显示，进行重新定义，去掉了原来的背景图片。图片新闻区块里的段落文字我们设置的稍小一点，正好能在不折行的情况下显示全。新闻速递区块，我们隐藏了发布时间，将有限的空间全部留给了内容。由于尺寸有限，下方的服务图标由原来的一行显示变为了两行显示。

至此，我们的这个页面几乎能在任何设备上恰当地展示了。随着移动设备的不断增多，在人们生活中扮演的角色越来越重要，开发响应式网站将是未来网站建设的发展趋势。

第14章 SEO优化

14.1 SEO概述

所谓SEO,是英语Search Engine Optimization的缩写,直译意思为"搜索引擎优化"。SEO是指根据搜索引擎自然排名机制,对网站进行全面的调整优化,提高网站在搜索引擎中的关键字自然排名,以获得更多流量。

网站的SEO包括内部优化和外部优化两大部分,涉及面相当广泛。在这里我们只简单讨论网站结构以及页面HTML代码相关的SEO优化。

14.2 title标签优化

每个页面的title标签就相当于这个页面的名称,搜索引擎建立的页面索引和结果返回也往往是基于title中的内容,因此title标签的值就显得极为重要。

title标签应紧临<head>放置,中间不要插写其他代码,让搜索引擎尽早定位title,获取信息。

网站中的每个页面都应该设置title标签值,内容尽可能概述此页的主题,避免重复标题,比如在CMS系统中常见的问题就是内容页的title标签全部命名为"文章内容",造成严重的信息资源浪费。

title还要避免出现忘记输入的问题,设计师在制作网页时经常会疏忽输入页面的title值,这样做出来的页面往往是网页编写软件的默认值,比如"Untitled Document"或"未命名文件"。这样的页面对于搜索引擎来说很难去很好划分,导致在搜索结果里本应出现的页面却没有显示。

title的内容应该简洁、准确地描述本页面的内容,尽可能包括需要重点优化的关键字。但也不要刻意在title中堆叠关键词,这样做实际效果并不好,甚至有可能被搜索引擎判断为恶意作弊而对页面进行封锁。内容字数并不是越多越好,各搜索引擎在结果页面显示的title字长是有限制的,比如百度是30个中文字,google是65个英文字符,超过的以省略号代替。一般建议标题字数不超过25个。

标题内容通常关联两到三个关键词以空格、短横线"一"、竖线"|"分隔。标题内容要具体不要太笼统或意思模糊不清,比如"欢迎来访",既不能说明页面的内容,也不能吸引点击。通常按文章标题、栏目名、网站名的顺序组合,比如"网页SEO优化 一 网页学习教程 一 芜湖新闻网"。直观明了,让人一目了然,SEO的效果也很好。

14.3　头部其他标签优化

meta 标签位于文档的〈head〉内,用于给出关于我们的主体内容的信息。meta 标签可以用于很多目的,例如帮助搜索引擎索引站点,指定文档的作者,为页面添加关键字及描述等。

〈meta〉下的常用属性:

属性名称	属性值	说明
name	author	描述作者资料
	description	描述网页的内容
	keywords	关键字,多个可用逗号隔开
	content	字符串配合 name,http－equive 设置

例:

> 〈meta name="author" content="某某"〉
>
> 〈meta name="description" content="这是我的个人网站"〉
>
> 〈meta name="keywords" content="音乐,动漫,博客"〉
>
> 〈meta name="others" content="这个我第一个网站,网站的主要内容有动漫,音乐,文章,博客等等,欢迎大家光临!"〉

标签里的 description 和 keywords 比较重要,描述和关键词写得好,有利于搜索引擎对你网站的抓取。

虽然和 title 标签比起来 description 和 keywords 重要性要低很多,对页面排名几乎没有影响,但因为在搜索结果中部分描述信息会以说明文字的形式在页面标题下方显示,所以内容安排合理的话会对点击量有一定帮助。一般建议描述文字不超过 70 个中文字,关键字不超过 5 个词。

在 description 描述中要避免以下三种情况:

(1)避免大量堆积关键字;

(2)不要与标题内容完全重复;

(3)不能与页面内容完全不符合。

14.4　h1～h6 标签

h1～h6 标签在页面中相当于标题的作用,对于 SEO 优化来说非常重要,我们在 HT-ML 标签中也做了一些简要说明。按重要性来说,h1 最重要,h6 最低。一般来说页面中 h1 标签最多只能有一个,通常放置正文标题。h2 标签重要性次之,通常放置文章副标题或相关关键词。如果在非内容页,如网站首页,则可以将网站 logo 包含在 h1 标签中,并给 logo 图片加上链接以及 alt 属性包含关键词。

14.5　网站导航条

网站需要有一个统一的导航,并在网站每一个页面中放置。不论访客是通过哪个页面进入网站,或者是在站内多次点击链接后停留在某个页面,都可以通过设计良好的导航功能转至想要去的地方。另外,站内导航条还有简列网站功能的作用,帮助访客选择自己需要的服务,引导访客到需要的目标页面。导航条也有助于搜索引擎更好地收录网站各栏目内容。

导航条设计原则:

(1)尽可能使用文字导航,不要使用图片、JS 动态生成或者 FLASH 做为导航。如今的 CSS 已经很强大,仅仅依靠 CSS 也可以设计出很美观的导航。文字链接对搜索引擎来说是爬行抓取最为容易,也更容易被爬虫青睐。而且导航条是整个网站各栏目的入口点,地位非常重要,所以在设计上一定要对搜索引擎尽可能友好。

(2)导航条的层级不要太多,尽量扁平化,也就是说所有页面点击距离尽可能靠近首页,一般来说点击距离不应超过四次。

(3)活用面包屑导航,面包屑导航是用户判断当前访问页面在网站整体结构中位置的最直观方法,建议在全站使用。

除了网站导航以外,还应该设计制作独立的网站地图页面。通过网站地图,不仅用户可以对网站结构内容有总体的了解,对搜索引擎来说也可以快速跟踪链接爬行到网站各个地方。

14.6　robots. txt

网站中的并不是所有页面内容都希望被搜索引擎抓取收录,比如后台管理页面、测试页面等。这些页面即便是没有链接引用或使用 nofollow 等手段也不能百分之百保证不被搜索引擎收录。为了能控制页面是否能被收录,需要使用 robots. txt 文件或 Meta Robots 标签。

robots. txt 是一个文本文件,文件名统一使用小写字母,通常放在网站根目录下,用于指示搜索引擎网站哪些页面需要被抓取,哪些页面不需要被抓取。爬虫在访问网站时,首先会查找这个文件,robots. txt 文件不存在或为空都表示允许全站被收录。通常情况下,即便是网站没有需要禁止收录的页面,也应该在根目录下建一个空的 robots. txt 文件。

robots. txt 文件可以包含一条或更多的记录,这些记录通过空行分开(以 CR,CR/NL, or NL 作为结束符),每一条记录的格式如下所示:

"〈field〉:〈optional space〉〈value〉〈optional space〉"

field 取值包括:User-agent、Disallow、Allow。

User-agent:该项的值用于描述搜索引擎 robot 的名字。在"robots. txt"文件中至少要有一条 User-agent 记录,如果有多条 User-agent 记录说明有多个 robot 会受 到"robots. txt" 的限制。如果该项的值设为 * ,则对任何 robot 均有效,但"User-agent:*"这样的记录只能有一条。

Disallow:该项的值用于描述不希望被访问的一组 URL,这个值可以是一条完整的路径,也可以是路径的非空前缀,以 Disallow 项的值开头的 URL 不会被 robot 访问。

Allow:以 Allow 项的值开头的 URL 是允许 robot 访问的。一个网站的所有 URL 默认是 Allow 的。

文件中的记录通常以一行或多行 User-agent 开始,后面加上若干 Disallow 和 Allow 行。

meta robots 标签是应用于具体页面的 HTML 代码,用于向搜索引擎声明禁止收录本页。标签基本用法为:〈meta name="robots" content="noindex,nofollow"〉。其中 content 的取值及含义如下:

noindex:禁止收录此页面;

nofollow:禁止跟踪此页面中的链接;

nosnippet:禁止在搜索结果中显示说明文字;

noarchive:禁止显示快照;

noodp:禁止开放目录中的标题和说明。

14.7　页面设计 SEO 细节

(1)img 标签一定要加上 alt 属性说明图片的内容,这样做的好处是当图片加载失败时用户能知道此处图片的大致内容,同时也能告知爬虫此处图片的内容。

(2)超链接要加上 title 属性说明链接的内容。

(3)页面中合理使用黑体 em 或 strong 加粗突出重要内容,可以从一定程度上提高突出部分权重。

(4)要活用内部链接和锚文字,这样可以引导爬虫至重要的主题和关键词链接。

(5)页面代码要适度精减,CSS 和 JS 代码尽可能放在文件中,页面通过文件引用,而不是写在页面代码里。尽量将 CSS 代码或引用写在页面头部,将 JS 代码写在页面的底部。

(6)页面编码格式要规范,不要出现语法错误,内容布局合理。

14.8　网站规划原则

网站整体设计第一要素是保证有良好的用户体验,用户体验好的网站往往也是搜索引擎喜欢的网站。

网站设计时要避免使用全 Flash 或将网站主要内容以 Flash 形式展示,因为搜索引擎无法探测 Flash 中的实际内容,这将导致网站的内容无法被搜索引擎收录。

网站内部应该尽可能避免页面跳转,如 Meta Refresh 跳转、JS 跳转、Flash 跳转,搜索引擎对于此类跳转比较反感,不利于爬虫抓取网站内容。如果确实需要针对某些地址进行跳转,如旧网址转向新网址,应通过 Web 服务器设置,使用 301 转向,这样既方便爬虫理解网站更改情况,也能将旧网址一部分权重带给新网址。

在给网站做规划时,要尽可能将网站层次结构扁平化,不要出现过多的层级,这样既不利于用户体验,也会导致爬虫抓取网站效率低下。